湿地中国·自然博物

湿地中国

三色堇扬着花猫脸

何腾江——著

广州新华出版发行集团
广州出版社
GUANGZHOU PRESS

图书在版编目（CIP）数据

三色堇扬着花猫脸 / 何腾江著 . -- 广州 : 广州出版社，2025. 1. --（湿地中国 · 自然博物）. -- ISBN 978-7-5462-3784-8

Ⅰ. Q948.52-49

中国国家版本馆 CIP 数据核字第 2024FY5800 号

湿地中国 · 自然博物：三色堇扬着花猫脸

Shidi Zhongguo · Ziran Bowu：Sansejin Yangzhe Huamaolian

出 品 人 柳宗慧

出版发行 广州出版社

（地址：广州市天河区天润路 87 号 9—11 楼　邮政编码：510635

网址：www.gzcbs.com.cn）

选题策划 李碧梅

责任编辑 伍秀娟　刘瑞敏　王莉莎

特约编辑 潘　瑞

营销编辑 李　玲　麦嘉琪

责任校对 薛轲予　蒋　明

插　　图 苏庭萱

封面设计 蓝美华

内文设计 友间文化

印刷单位 东莞市信誉印刷有限公司

（地址：东莞市南城区水濂澎洞工业区一期C区　邮政编码：52300）

规　　格 889 毫米 × 1194 毫米　1/32

字　　数 78千

印　　张 5.25

版　　次 2025 年 1 月第 1 版

印　　次 2025 年 1 月第 1 次

书　　号 ISBN 978-7-5462-3784-8

定　　价 39.80元

前言

湿地之美 · 生态之美 · 家园之美

何腾江

一

湿地很小，也很大。

一处浅浅的池塘，就是一块小小的湿地。

涟漪阵起处，也许，你会看到一只白鹡鸰（jílíng）正在池塘边踱步；也许，你会看到一只水黾（mǐn）正在水面捕食；也许，你会看到一株睡莲正在水中盛放……它们在湿地里生长、繁育、捕食、防御、迁徙、共生……这是生物界极为神秘的部落，也是极为复杂的生态环境。

一处弯弯的海岸，低潮时水深不超过六米的

水域，就是一块大大的湿地。

潮起潮落间，或许，你会遇见一群红嘴鸥在海面翩跹（piānxiān）；或许，你会发现一只菜粉蝶正好飞过；或许，你会看见一棵棵椰子树挺立在海边……它们在潮间带或自由翱翔，享受生命的快乐；或交配繁殖，完成物种延续的伟大使命……

这些或小或大的湿地生境，就是中国湿地的一个横断面。

我试图从一个微小的切口，闯入一片恢宏的湿地世界。

二

在祖国大陆南端的雷州半岛，有一个地方，名叫灵界村，那是生我养我的故乡。

雷州半岛三面临海，海浪和台风时常光顾，因此，海水的涨落也更加频繁、幅度更大。海水涨退之间，曲折绵长的海岸边就形成了一处独特的生态环境——潮间带。

潮间带里，有一种植物群落被称为“海岸卫士”，那便是红树林。

这里的红树林是独特的木本植物群落，星罗棋布在海与岸之间，守护着我们的家园。

潮起，一棵又一棵低矮的红树植物渐次被海水淹没，或许仅有树冠露于水面，形成最特别的“海底森林”；潮落，一棵又一棵茁壮的红树植物又立于滩涂湿地上，成为鸟、鱼、虫、蟹、螺等多种生物的“保护伞”。

生长在潮间带中的红树林，是热带、亚热带海岸及河口潮间带特有的森林植被。在红树林区域，我们可以看见，一群又一群迁徙中的候鸟在树上停歇；又或者是一只又一只鱼、虾、蟹、螺在其间穿梭……

这是典型的湿地生态。

正是故乡一片片海岸与池塘，带给我关于湿地

的自然启蒙，让我的人生充满了乐趣。

记忆里，少年时的我，或站在水库的岸边，注视着一只又一只小䴙䴘（pìtī）在水中央一会儿游水一会儿潜水；或卷起裤脚，蹚过浅水，将湿地的一隅围拢起来，然后舀浅了水，拔掉水草，在泥地里捉鱼摸虾；或用画笔描绘着一棵又一棵水生植物在四季轮回里的不同色彩……

这一处处湿地，是灵界村赠予少年时的我最美好的礼物。

在观察湿地时，我不经意间抬头，发现了四季轮转，日月同辉，湖同景不同，免不了要发出“万顷湖泊一点山”的感慨，也更想把少时的观察所得用文字留在纸上了。

三

在珠三角的腹地，有一个地方，名叫中山，那是一代伟人孙中山先生的故乡。

那里有一条又一条河涌蜿蜒而过，水网密布。

民房沿水而建，民众临水而居。一排排房子、一棵棵荔枝树与香蕉树倒映在水里。

清凌凌的河水，绿油油的农田，金灿灿的太阳，轻舟若过，点缀其间，灵动了多少湿地水乡。

原住民疍家人撑舟而过，捕鱼种地，世代繁衍，演绎出独特的湿地文化。

中山东边的珠江出海口有一片水域叫伶仃洋。那里形成了一处又一处滩涂，也是海陆交接的敏感地带。这叫海滩，也叫河滩。

这也是典型的湿地生态。

正是这样诗意盎然的湿地生态，深深地迷住了在中山定居的我与我的工作伙伴蟑螂老师，让我们在这样的窗口里，看见了生生不息的湿地万物，看见了壮美而磅礴的湿地生境。

蟑螂老师是生物学的硕士研究生，痴迷于自然，也沉醉于自然。毕业后，一直从事自然生态方面的工作，对中山这座城市的湿地生态了如指掌。有他在，我对湿地的观察愈加专业，收获也愈加丰富。

“南朗泮沙的湿地又来了一批冬候鸟。”蟑螂老师多是踩准了观鸟点，才不紧不慢地向我“通风报信”。

“我刚刚在稻田里拍到了三只白额雁，这是中山首次影像记录到的。”蟑螂老师身在山野，也不忘向我“直播”观鸟收获。

在蟑螂老师的带动下，我时常与他一起站在湿地里，静心观察候鸟的迁徙过程，捕捉昆虫的灵动瞬间，详细记录植物的生长变化。时光如梭，季节更迭，我们渐渐熟悉了越来越多的生物，这就是自然观察的收获。

四

湿地是野鸟的家园，是昆虫的家园，是植物的家园，也是我们的家园。

湿地之美，早在《诗经》里就美得“无边无际”了。那一句朗朗上口的“关关雎鸠，在河之洲”，描绘的就是湿地的诗意风景。

到湿地走一遭，我们就会发现，一群鹭科野鸟将红树林装点成“绿里透白”的风景，一棵红树植物也能繁衍成一座“水上森林”，一只弹涂鱼还能“占地为王”……

这时候，我们是不是会有一种冲动，为满眼的翠绿倒映在蓝天碧海之间而舞蹈，为这一片诗意的栖居地而歌唱……

这就是湿地之美，生态之美，家园之美。

作于孙中山故乡

2024年1月30日

目录

上辑

草木卷

下辑

蔬果卷

上辑

草木卷

每一株草木都有独特的故事和情感。

瞧，瓦松——这株听风观雨的“无名小卒”，竟成了张耒（lěi）诗句里苍劲端直的意象；观，椰子树——站立在海边，栉风沐雨，是挺拔在故乡风景中的伟岸身姿；看，睡莲——在水波里摇曳，是印象

派绘画大师克劳德·莫奈在法国吉维尼的花园里一次次描绘的主题……

让我们学会倾听草木的声音，感受它们的浓情蜜意，珍视这个充满生命力的植物世界。

向一株瓦松致敬

雷州半岛三面环海，一到夏天，不是台风侵袭，就是烈日当空。瓦松或在台风天里奋力稳住自己的根基，或在烈日下昂首挺胸……这株听风观雨的“无名小卒”，成了“苏门四学士”之一的张耒诗句里苍劲端直的意象——

庭树应如我，相逢益老苍。
别来秋苦雨，但觉瓦松长。

张耒写这首诗时，仕途上正步步高升。他于

萧索的秋日里看到衰败的庭院被一株一株瓦松恣意侵蚀，恐怕又是惋惜又是惊叹。惋惜的是，庭院败落，断壁残垣，少烟火，缺人迹，连墙头也被瓦松占领；惊叹的是，瓦松在缺水少土的瓦楞间竟挺立出一片天空，生长得如一团落地莲花，虽微小却圆润，谱写出一曲又一曲生命的赞歌……

少时的我住在灵界村，我家有三间茅草房，另有两间瓦房。瓦房上，时不时长出一株又一株植物，看似弱小、微不足道，但要是不及时清理，它们就会茁壮起来、威武起来，侵蚀瓦房。

有一天，父亲指着瓦房上一株模样单薄的植株说道："这是瓦松，一种喜欢生长在瓦房上的植物。"话毕，父亲举着一条长长的竹竿，三两下就将瓦松捅了下来。

瓦松！年纪尚小的我，虽认识的植物不多，但这一株特别的瓦松，却牢牢地刻在了我的脑海里。于是，在往后的日子里，我格外留意瓦松。

与我家隔着一条巷子的地方，正好有一座破败的大屋。大屋的门廊还保留得好好的。门廊顶端横亘着木梁，黑乎乎的，上面有一群同样黑乎乎的蝙蝠倒挂着，让人望而生畏。门廊边上，有一堵墙，向某个方向延伸着，将整座破屋围了起来。墙头上，生长着成群的瓦松。有的瓦松从墙缝里冒出来，有的干脆就在残缺的瓦片上生长开来。

台风刚刚扫荡过这里，有的瓦松掉落在地，有的仍然挺立着。我壮着胆子，走近大屋，捡起一株掉落的瓦松，举在眼前，左瞧瞧，右看看，发现它宽大的叶片是肉乎乎的，颜色绿中带紫。此时的瓦松尚未开花，植株形如松果，看起来像一株多肉植物。

到了秋天，瓦松的花序逐渐崭露头角，姿态宛如一朵优雅的莲花。花茎上一抹抹翠绿点缀其中，尔后便绽放出柔美的花朵。这些花朵的质地恰似柔脂般细腻，外表透着淡淡的粉红色，色泽诱人。那一朵朵粉红色的花，井然有序地排列着，仿佛是一群即将起舞的仙女。韩育生老师在《西北草木记》里用诗意的文字，描述了瓦松无与伦比的美——

随天光流动，它（瓦松）一点点把内心的欢喜和骨子里端庄优美的姿态迤逦起来，在空中打起火焰一般的节拍。谁能知道这神秘的节拍来自何处？每一扭动，瓦松的身躯上就会开出一朵星星玉莲，米粒一样大小的花儿张开粉红的手臂，拥抱住周围的世界，那花儿轻轻喘息，就像少女盛开在她最美的季节。

这是我“看见”过的最美的瓦松。

瓦松原本只是遭人嫌弃的杂草，此时却幻化出娇柔的美，让人不禁想起唐代诗人李华对瓦松的赞美——

影混鸳鸯色，光含翡翠容。

这是地地道道的中国本土植物，无论在房檐上，还是瓦楞间，只要有一抔土，或偶得一滴水，瓦松便能生根。不管是面对台风时的飞沙走石，还是面对凛冽呼号的寒风，它始终不惧怕，凭借顽强的生命力悄无声息地改变着环境，热情地绽放，不惹眼，却气定神闲，不但活出了自己的尊严，还成为生命的强者。

向一株株瓦松致敬！

植物朋友圈

瓦松

我的老家在乡村，由于我们瓦松受到不少人的喜爱，我现定居在城市某处阳台的花盆里。听说有些人不会照顾瓦松，我分享一下关于养殖瓦松的3个小贴士吧。

1. 我们喜欢光照充足、通风良好的生活环境。

2. “浇则浇透，不干不浇”，否则我们会生病。

3. 我们耐热耐寒，但温度过高或过低时，会放慢生长速度。所以请让我们也享受冬暖夏凉。

20分钟前

♥ 水仙，夏枯草，三色堇，草莓

三色堇：隔壁盆的邻居你好啊，请问为什么我的花盆里插着好多你的叶片？

瓦松回复三色堇：应该是主人看你的花盆比较大，想要用叶插的方法繁育新苗。不过，不如用我母株上萌发的侧芽扦插，这样育苗成功率更高。

三色堇回复瓦松：打住，在他买新花盆前，可别让他知道了！让我再享受享受独居大花盆的待遇吧！

水仙：你定居在花盆里？可我看你去年明明没开花啊！

瓦松回复水仙：放心，去年我是“昨叶何草”，今年一定让各位一睹花容！

水仙回复瓦松：真是神奇，来个知情人解释一下？

______：____________________________

______：____________________________

睡莲昼舒夜卷“困”了虫子

在灵界村，池塘里总会有一朵又一朵或白或红或黄或蓝的花朵，贴着水面绽放着……

“荷花又开了！”年少时的我总以为那是荷花。

“那是睡莲。”父亲轻轻一笑。

“荷花不是叫莲花吗？”我一脸疑惑。

“是。但睡莲不是莲花。”父亲对植物的兴趣似乎远远大于我，总喜欢拿一本翻旧了的书对照着植物辨认。

我和父亲的对话并没有继续下去，我仍是一

知半解。只是，睡莲阔大的叶子一片又一片地趴在水面上，上面还托举着一朵朵色彩鲜艳的花，让我想到了自己童年时趴在草席上睡觉的憨憨样。正因为这“趴”字，让我多多少少有点理解了睡莲的神韵：睡莲的叶子始终漂浮于水面，与水面紧紧相贴；而荷花则在水面上举起修长的叶柄和花柄，叶和花在叶柄和花柄顶端。

因为有了父亲小小的点拨，我一有机会就去观察睡莲和荷花。很快，我就发现睡莲的叶片比较小，是一个不完整的圆形，叶面边缘还有“V”字形的裂缝；荷花的叶片比较大，是一个完整无裂缝的圆形，和叶柄组合起来像一把绿色的伞。

再仔细辨认，我还发现，睡莲的叶色深绿而浓重，荷花的叶色则偏蓝。

长大后，我开始接触植物分类学。我才发现，原来这两种时常被人混为一谈的植物，竟如此不同：睡莲是睡莲目、睡莲科、睡莲属植物，荷花则是山龙眼目、莲科、莲属植物。

在西方，相传睡莲是山林沼泽中的女神，它的属名*Nymphaea*（拉丁文）便有“水中的女神”之意。

中国人喜欢荷花，也喜欢睡莲。早在汉代，帝王、官宦便已在庭院种植睡莲，或独自观赏，或邀人临池共赏。西汉霍光更是在园中种出五色睡莲，而唐人段成式在《酉（yǒu）阳杂俎（zǔ）》里则

写道“南海有睡莲，夜则花低入水”，虽寥寥一笔，却准确无误地记载了睡莲的习性：睡莲的花朵是白天开放，晚上闭合，故有“夜则花低入水”之妙。到了次日早上，花朵又重新开放，如此往复。

有意思的是，正因为睡莲的昼舒夜卷，据一些观察者描述，总有粗心的昆虫在花蕊里贪吃而被关住。待昆虫发现自己被关住后，却已经出不去了，只能在花朵里钻来钻去，沾了满身的花粉。趁花朵再次打开时，昆虫赶紧逃跑，飞到另一片花丛里去，不知不觉，恰好帮助睡莲传播了花粉——这也是植物传播扩散的重要方式之一。

如今，睡莲早已遍布全世界，但在不同文化中被赋予的内涵各有差异。早在2000多年前，古埃及人就开始种植睡莲，视其为太阳的象征，并用其外形作为装饰庙宇柱顶的形象，形成“莲苞”等形状的柱子。

到了16世纪，睡莲以园林观赏植物的身份，出现在意大利、法国的贵族庄园的喷泉池里。19世纪末，印象派绘画大师克劳德·莫奈在法国吉维尼的花园里种植了一丛丛睡莲，并将睡莲一一绘到画布上，为世界艺术史上留下了一系列著名的画作——《睡莲》。

岁月流转，睡莲或繁茂在池塘中，或悦目于名人的精致画作上，或流淌在名家的悠扬曲目里。在漫长的岁月里，我也渐渐领悟到，无论是自然里的睡莲，还是艺术里的睡莲，都带给我或深或浅的生命启示。

睡莲于淤泥中开花，于晨间与夜晚开合，静静地安守一隅，以自己的节奏生长，平和而从容。它的这种特性偶尔也让在人生路途中彷徨与不安的我们得到启发，放慢脚步，沉淀思绪，再出发……

植物朋友圈

睡莲

今日份美丽已送达，请查收。

10分钟前

♥ 莫奈，周敦颐，荷花，水仙

莫奈：我的缪斯，我画过许多睡莲画作，怎么跟印象中的你不一样？

周敦颐：予独爱莲之出淤泥而不染……

莫奈回复周敦颐：您是否搞错了？这肯定不是睡莲。

睡莲回复莫奈：哈哈，大师好眼力，这确实不是我，但周先生也没有认错，周先生描述的是我来自东方的好友荷花，中国人称它为“莲”。

莫奈回复睡莲：你们真是胜似姐妹啊。

睡莲回复莫奈：胜似姐妹但终有不同，各美其美。

水仙回复睡莲：不同之处在于？

______：______________________________

______：______________________________

不做天仙做水仙

灵界村的河道旁，总是蔓延着各种水生植物，或为菖蒲，或为芦苇，或为荷花，却没有水仙的影子。

在我年少时，水仙“生长”在灵界村孩子们的课本中，摇曳在字里行间，而且总是伴随着一串一串的成语出现，比如凌波微步、仙风道骨，一下子击中了我幼小的心灵。

这一株又一株在我的幼小心灵里“生长”出来的“水中仙子”，缘何在灵界村的河流两岸找不到影子呢？是水仙水土不服，还是我目不识珠？于一个少年而言，这是一道待解的难题。

也许，水仙仅仅是存在于中外诗歌里的一种花——“不做天仙做水仙”。这不，南宋诗人杨万里笔下的水仙，就开在冬春之交——

水仙怯暖爱清寒，两日微暄懒欲眠。
料峭晚风人不会，留花且住伴诗仙。

又或者是盛开在英国诗人威廉·华兹华斯的笔下——

它们密集如银河的星星，像群星在闪烁一片晶莹；

它们沿着海湾向前伸展，通向远方仿佛无穷无尽；

一眼看去就有千朵万朵，万花摇首舞得多么高兴。

小时候日子过得清苦，脚下的每一寸土地，我都眼巴巴地祈求能生长出“吃”的东西。在我的印象中，水仙可观，不可吃，似乎与我们柴米油盐的日子隔得很远……

与水仙真正接触的时候，我已告别了我的青葱岁月。待到而立之年，偶然见到别人桌案上的水仙，粉绿色的茎上开着不染凡尘的花朵。每一朵花上面有3片花瓣和3个萼片。它们长得极为相似，乍一看，还以为是6片一模一样的花瓣。水仙的枝茎，其实是它的花序轴，中空，圆筒形，远观像极了蒜叶，又或者是放大版的韭菜。

或许是过久了穷日子，我在端详每一朵花的时候，总是下意识地将它与食物联系起来。可是，这一株被文人置于桌面当案头清供的植物，与食物无关，而与情怀相关，文人看重的正是水仙的“爱清寒”。

冬末春初，太阳越过赤道，渐次北移，气温也逐渐回升。每到这个时候，家家户户总喜欢从花卉

市场抱几盘水仙回家供养着。

抱回家的水仙，总是要被细心照料一番，否则也不会那么早开花。催熟水仙，倒也不是什么难事，只要用小刀片刮掉花苞周边的皮，露出花苞，早晚再控好水，过些时日，水仙便可开出花朵，花瓣洁白无瑕，像空中飘舞的雪花，颇有“翠带拖云舞”的美。

水仙是古老的植物，原产于古罗马，于唐代时经波斯中转而传入中国。这在美国汉学家薛爱华的《撒马尔罕的金桃：唐代舶来品研究》中就有记载：“水仙是传入中世纪中国的罗马植物。”而在希腊神话里，有一段与水仙相关的记载——

美少年喀索斯在一方澄澈的池塘里看到水中也有一个美少年，不知道是自己影子，继而爱上自己的倒影。他将头沉到水里，不幸溺水而亡。后来，人们在池塘里找到一朵花，花心粉黄，花瓣雪白。

这朵花就是水仙花。

有趣的是，水仙花由丝绸之路传入中国后，经过一代又一代人的培育，驯化出来的变种被命名为“中国水仙”。

当你见到水仙，很容易就会发现，它的鳞茎像极了巨头蒜，六朝人称之为“雅蒜”，又因其茎长得像葱，宋朝时被呼为“天葱”。

这一株石蒜科多年生草本植物，在凛冬里长出青叶，开出素花，于凌波盈盈间，凭风送香，继而凋谢，变成贮藏球茎，翌年再从卵球形鳞茎中重新生长出青叶，生命又重新来过，循环往复，生生不息。

植物朋友圈

水仙

大过年的，度过了惊险的一天！我本来正在年货市场跟朋友聊天呢，忽然被一位老爷爷买走了。到了新家，老爷爷的老伴让小孙子帮忙摘点蒜苗，他竟然拔了我的几片叶子拿给老奶奶！幸好被老爷爷及时发现并制止，否则后果不堪设想啊！

8分钟前

♥ 蒜，葱，洋葱，石蒜

石蒜：美丽但有毒，说的就是我们了。

水仙回复石蒜：彼岸花姐姐，新年好啊！

洋葱：要说像，我们俩才像呢。以前就有人把你的种球跟我弄混了，险些中毒。

水仙回复洋葱：咱们都是石蒜科的，自然像。不过你的叶子是中空的，气味还那么独特，希望人类不要混淆了。

梅花：姐姐，咱“雪中四友”只有你美丽又“危险”了。

松柏：嗯？哪四友？算我一个呗！

______：____________________________

______：____________________________

夏枯草立于荒野成了风景

雷州半岛的夏天真是够“意思”的。

有时候，整个夏天都没有一滴雨，老天爷的心肠好像“硬”得连一滴眼泪都不肯施舍，池塘干旱，土地皲（jūn）裂，草木枯萎，连山上的老鼠都渴死了；有时候，明明上午还闷热得让人喘不过气来，下午就开始轰隆隆、轰隆隆，又是打雷又是闪电又是暴雨，一副要山崩地裂的样子。

灵界村的自然万物，在夏天里时不时就要遭一次罪：要么被旱死，要么被淹死。还有，雷州半岛的雷是出了名的响。

有时候，雷声似乎贴着地面滚动过来，像春节放鞭炮一样，噼里啪啦地边跑边响，吓得胆子小的孩子尿了裤子。而有时候，雷猛然从半空中劈下来，一棵树被劈得“火在树上烧”，火焰在树梢上舞动，犹如火龙在空中盘旋；又或者是山坡上的荒草被烧成一片火海，如一幅印象派的油画，映红了天空。

只是，再恶劣的自然环境也阻挡不了万物的生长。灵界村仍然可以看见生机勃勃的“满眼绿”，在这幅绿色风景里，就有夏枯草的身影。

夏枯草在三月长叶，四到六月开花，到了七八月，许多草木正值茂盛时，它却枯萎了，仿佛一到了夏天，它的生命大限也到了。这么看，夏枯草还真是“名如其草”，决然与夏天告别，多多少少有点“禀纯阳之气，得阴气则枯”的意思。

正因为夏枯草适应能力强，能在灵界村经常看到，名字又这么容易记住，少年时的我不时地与它打照面。

记忆里，夏枯草生长在山溪边，或者是路旁，随遇而安。哪怕是害虫遍地而生，夏枯草也是一副威风凛凛的样子，让许多害虫“闻风而逃”，故而少有病虫害。

夏枯草喜阳，一丛丛地向着阳光生长。叶子的边缘，或平缓，或有短齿，伸展出来的茎高高伫立着。它的小花由下向上依次生长，花朵的形状就像一个个棒槌。因为夏枯草的花朵里含有不少花蜜，在日本，人们喜欢称之为“花蜜棒”；在韩国，它还有“花蜜草”的别称。

夏枯草的花多是紫、蓝紫或红紫色的，偶尔也有白色的。虽然它的花并不张扬，但由于花蜜多，因此自然而然地吸引了一只又一只蜜蜂造访。

倘若仔细观察夏枯草，我们还会发现，在花序的下方，隐藏着一对苞叶似的茎叶，形状近似卵圆形，极富特色。这些花柱重重叠叠，宛如精巧的宝塔耸立，又酷似层叠的鱼鳞，当夏枯草枯黄时，又与小麦的麦穗惊人地相似。

有意思的是，到了夏天，一株夏枯草并非全株每个部分都枯萎，只有结了果的花穗和部分茎秆是枯萎状态，其根依旧鲜活。那些由花朵结出的种子落在土里，来年又会是一帧风景。

飘散的种子走向了世界很多地方，夏枯草在欧洲、北非、西亚和东亚都有广泛分布。我们不要小看这一株株夏枯草，它在历史上还颇有名气呢。

相传在明代，郑和下西洋时，随行携带的植物中就有夏

枯草。它被带到了东南亚。后来，那里的人将之当成厚礼，赠送亲友。受礼者爱之惜之，因为夏枯草既可食用，又是极好的草药。《本草纲目》记载，夏枯草可以治疗眼睛疼痛，还可以缓解肝火旺盛。

正是一株又一株夏枯草，在世界各个角落扎下了根，为我们的地球加了更多的绿，为植物在世界的传播添了力。

植物朋友圈

夏枯草

朋友们，我最近搬家了，从原野搬到中医药房啦。当你走进中药房，可以看到一排排中药柜，有个写着我的名字的小格子，那里就是我的新家！

25分钟前

♥ 榕树，瓦松，三色堇

榕树：乔迁新居，顺便还能学习中医药知识，恭喜！

夏枯草回复榕树：谢谢榕树爷爷，真舍不得您呀。

瓦松：我的人类室友最近喉咙肿痛，他得到一个治疗此病的方子，里面就有你的大名，可以去药房直接找你吗？他还准备将你制成凉茶呢……

夏枯草回复瓦松：建议先找专业医师问诊再用药！制凉茶的话，我猜他一定会拉上我的好搭档——黄芪（qí）或罗汉果。

瓦松：哈哈哈，是的，这其中有什么说法吗？

______：______________________________

______：______________________________

三色堇也是“猫脸花”

三色堇（jǐn）进入灵界村的时候，是一种杂草，潜伏在农田中。农田的沟壑（hè）里，蜿蜒地流淌着浅浅的溪水，溪水旁的三色堇长势正旺。

那时候，我正顶着烈日，在一片甘蔗地里用锄头除草，汗流浃背。突然看见三色堇扬着花脸，望着我，吓了我一跳。

“这就是鬼脸花。”父亲在一旁语气平淡地说。

我蹲下身来，从锄头边上捡起一株三色堇，仔细端详着，它的花还真的像一个顽皮的孩子在做鬼

脸，让人好气又好笑……

也有人说三色堇的花长得像猫的脸蛋。花瓣上的色彩似乎变幻莫测，混有黄色、白色、紫色、蓝色等，分布在五个花瓣上，巧妙地构成两耳、两颊和一嘴的图案，似猫脸，也如人脸。

更为神奇的是，这些花色在花瓣上渐次微晕扩散，变化多样。无论花瓣的颜色怎么变化，花朵上都有一种毛茸茸的质感，镶着金丝般的光泽。要是遇见了微风拂动，三色堇荡漾着身姿，如翻飞的蝴蝶，难怪又有人叫它“蝴蝶花”。

鬼脸花也好，猫脸花也罢，又或者是蝴蝶花，这些五花八门的名字都是俗名，三色堇才是它的大名。这杂多的花名，也许能反映出看花的人在不同的心情下看出了不同的境界。

三色堇在灵界村随处可见，模样有趣是有趣，可也着实让人讨厌。原因很简单，三色堇长势太好了，三两下就窜到农田里，这怎么可以呢？

但凡是争抢农作物肥料的草木，都被灵界村的乡亲视为敌人。三色堇纵然开着五彩斑斓的花朵，但它们在“温饱”二字面前，显得一文不值。

于是，我在干农活的时候，每每遇到三色堇，总会咬牙切齿地扬起锄头，再重重地锄下去。三色堇的根一旦离开土壤，在烈日下整株三色堇很快就萎缩了下去，一点生气也没有了。

但即使你锄草再勤快，隔上大半个月，农田里又长满了杂草。这一次，我有点泄气了，任凭杂草恣意生长着。隔了一周，再去一瞧，三色堇正扬着多彩的花朵，格外打眼。

我走上前去，伸手摘下一朵，发现它的花瓣边缘呈现出波浪状，花色繁复，何止是三色呢。再仔细观察，我还发现了一个秘密：三色堇在看似让人眼花缭乱的花瓣上生长出一道道黑色的花纹，指引着蝶类和蜂类等昆虫轻而易举地找到蜜腺。

因为有蜜腺，几乎每一朵盛开的三色堇都散发着香气。如今三色堇在宅院、公园触目皆是，成为春季里无人不知的观赏花卉。

虽然三色堇现在在中国随处可见，但它的原产地却是欧洲。三色堇最早的身份是杂草。1629年，欧洲人将其野生种引进庭园栽培，到了19世纪开始培育、

改良，才有了品种繁多的三色堇，自然而然对它也有了“英国的花姿、美国的花径、德国的色彩、法国的性状”的形象描摹。

欧洲人给三色堇赋予了许多美丽的神话传说，就连莎士比亚在《仲夏夜之梦》里，也让三色堇扮演了一个角色。

到了中国，三色堇一改欧洲神话传说中的面孔，摇身一变，成了美容秘方。明代李时珍在《本草纲目》里记载得一清二楚：“三色堇，性表温和，其味芳香，引药上行于面，去疮除疤，疮疡消肿。”

三色堇，在西方被涂抹着神话色彩，在东方却被视作实实在在的草药。东西方不一样的看花境界，交相辉映，颇为有趣。

植物朋友圈

三色堇

这次被选作植物界代表，我激动得无以言表，不禁想起一则古希腊神话：传说，我的祖先因为美貌而遭到维纳斯的嫉恨与鞭打，原本白色的花朵被打得青一块紫一块，但是它顽强地活了下来，从此变成彩色的花儿，更加美丽动人。作为默默无闻的野草，钦佩祖先的精神的同时，我也要不畏人类的锄头，绽放得更加灿烂！

18分钟前

♥ 夏枯草，李时珍，莎士比亚

夏枯草：什么植物界代表？我怎么不知道？

三色堇回复夏枯草：请看本书书名。

夏枯草回复三色堇：同为野草，为你高兴！

睡莲：三色堇不是波兰国花吗？你可不是默默无闻呀。

三色堇回复睡莲：低调，低调。

荷花回复睡莲：哈哈，不止波兰，还有一个国家的国花也是它呢。

睡莲回复荷花：哦？居然还有一个？姐妹求分享！

______：______________________________

______：______________________________

人心果树积攒了太阳能量

到了夏天，整个灵界村就像一个蒸笼，天上射下来的，是热气；地下冒出来的，也是热气。上蒸下煮，我们夹在中间，直喊热呀热……

因为灵界村属于热带季风气候，那些热带的树木，即使迁徙到了这里，也不会水土不服，一下子就落了地，生了根，茁壮生长，有模有样……

人心果树就是积攒了太阳能量的热带树木。

那棵生长在我家菜园子角落的人心果树，是三叔种的。他一生爱树，年年栽树，或栽水果树，或栽防风树，东一棵，西一棵，见缝就栽。在他家的周围，各种树一棵连着一棵，蔚为壮观。

人心果树是一种乔木，要是任其生长，足可长至二十米有余。可它毕竟还是一棵果树，果树有果树的使命，是需要结果实的。于是，三叔将其主干折断，让它不断开枝，长成灌木状。这样一来，它结出来的果实，伸手可摘，不费工夫，方便得多。

菜园的旁边，还有一棵番石榴树，高度跟人心果树差不多，大抵也就一米多高。两棵果树一左一右，果期都在夏天，吃完左边的果实，右边的果实也熟了。村里与人心果树一起在夏天结果的还有龙眼、阳桃、大树菠萝，这些果树让灵界村的整个夏天飘满了果香。

在炎炎夏日，即使是炽热的阳光也无法阻挡我和小伙伴的步伐。我们身轻如燕，从这棵树攀爬到那棵树，再轻盈地绕到另一棵树上，然后又顺着树枝滑下来……一整个夏天，我们就像一群树上的猴子，在树丛间自由穿梭，无忧无虑，各种果实吃个不停。就在某个不经意的瞬间，我们蓦然发现，自己不知不觉地长大了。

我家菜园子里那棵拥有灰褐色树干的人心果树还是长高了，果实结在顶端，够不着，我只好爬上树去摘。那些椭圆形的绿色叶片，试图将果实掩藏起来。人心果树卵圆形的果实是褐色的，正好跟树干撞了色，稍不留意，还真是寻不着它们的影子。

我一手抱树干，一手摘果实。人心果果皮粗糙，乍一看，还以为是猕猴桃呢。其实，人心果更像人的心脏，故得此名。我摘下果实带回家，用刀切开，果肉呈黄褐色，里面还有两颗扁平状的黑色种子。

人心果树不怕热，看似坚强，实则娇气得很，甚至比荔枝还难伺候——它只生长在热带和亚热带地区。因此，在中国并不常见，大抵只有在岭南地区才能偶见此种树木，且不成气候。

正因为娇贵和罕见，人心果才让人无可奈何又欲罢不能。

人心果树原产地其实在中美洲的热带地区，包括墨西哥南部、危地马拉和伯利兹北部。在那里，人们喊它分泌的乳胶为糖胶树胶，千百年来，当地人一直采集人心果树的树胶，用以制作口香糖。

西班牙人征服中美洲的时候发现了这种树，并将其命名为“美洲人心果树”，这一命名一直沿用至今。人心果树由此开启了“环球之旅”。

西班牙人后来又将人心果树带到了菲律宾，渐而传播到南亚和东南亚其他地区。中国栽培人心果树则是20世纪初的事了，人心果树从新加坡、印度尼西亚等国家引入，分布在中国的广东、福建、广西、海南岛、台湾。

有意思的是，在雷州半岛有一种类似人心果树的橡胶树。乡亲们采集树胶，多是在橡胶树上，少有人动过割人心果树的念头。

也许是不知道，也许是舍不得。毕竟，一棵人心果树每年结这么多的果实，奉献给我们这么多的美味，我们舍得用刀去把它割得“胶淋淋”吗?

——当然舍不得!

植物朋友圈

人心果树

今天，人类邻居摘了一些我的果实，拿到市场上售卖。可是很多人不认识我，拿起来又放下了，让我白高兴一场又一场……我的果实长得有那么奇怪吗?

16分钟前

❤ 蛋黄果，妈咪果，大树菠萝

释迦：不一定是觉得你的果实奇怪。你的果实跟我的一样，太甜了，听说有些人类讲究“控糖”，不吃太甜的东西。

蛋黄果：我也甜，人类还说我的果实吃起来像蛋黄，不像水果呢。

妈咪果：我理解你，不少人类也不认识我。希望他们在水果知识普及上多下功夫，让更多人认识我们。

柿子：上面两位，别说人类了，我都第一次见呢。不过，听说你的果肉和我的很像?

人心果回复柿子：没错，在台湾我还有个名字叫“吴凤柿”。

人心果回复释迦：可我虽然甜，却对人类有许多好处呀!

释迦回复人心果：哦? 说来听听?

______：____________________________

______：____________________________

大树菠萝下飘着年糕的味道

灵界村的池塘边长着一棵大树菠萝，有些年份了，一副老态龙钟的样子。这树是谁种的，谁也说不上了。像这些找不到“主人”的老树，还有很多很多……

找不到“主人”的树，一点儿也不孤单，尤其是大树菠萝。到了夏天，一颗又一颗硕大无比的果实挂在枝头，总有馋嘴的孩子盯着。于是，争吵就来了。这家的孩子嚷着：“这棵树是我爷爷的爷爷种的。”那家的孩子也不甘示弱，不知哪里学来的话：“这树是我的曾曾曾曾曾曾曾……曾祖父种的。”

这个孩子的嘴里到底吐出了多少个“曾”字，谁也数不清楚，但这次吵架是吵赢了。

这个孩子就是我。

在雷州半岛的湿地生境里，时常见到大树菠萝。它长在池塘边，又或者长在河沟边，始终在村庄的怀抱里。于是，我们开门见树，见到最多的，就是大树菠萝。

有意思的是，我们从不叫这种树为“大树菠萝”，而是叫“苞萝树”，也不叫它的果实为“菠萝蜜”，而是叫成“苞萝”。有一句雷州乡谚——假鬼吃苞萝虾，意思就是说，有菠萝蜜吃时就不要不好意思，否则都被别人吃完了。菠萝蜜一向香甜，如果你嘴馋，却又抢不过别人，那只能别人吃果苞，你吃剩下的果丝了。

夏天一到，灵界村的上空仿佛就飘荡着菠萝蜜的味道，那么近，又那么远。但对我来说，除了村里的菠萝蜜，最难忘的要数大姑妈每年夏天带来的菠萝蜜了。一家人围坐在桌前，菠萝蜜刚切开时的

香味，是怎么也忘不了的。

大姑妈的家在镇上，院子里有一棵非常高的大树菠萝，每年都挂着几十颗菠萝蜜。采摘菠萝蜜是一项技术活。因为菠萝蜜又大又重，并不容易采摘，要用带钩刀的长竹竿从树上割下来。从树上摔下的菠萝蜜必须当天吃完。那时候，家里并没有冰箱，无法保鲜存放。有意思的是，据说菠萝蜜很“贵气”，不能用脚踢，否则菠萝蜜的肉很快就烂了。

记忆里，大姑妈多是挑选早上摘菠萝蜜，切割后，将部分果实分送给邻居，剩下的就带回灵界村，给娘家人吃。

其实，要保证采摘到的菠萝蜜已经成熟，就必须要有采摘经验的“老手”出马。菠萝蜜成熟后，表皮的刺的末梢会萎缩，不那么尖锐。也就是说，果实表皮的刺越钝，果实就越成熟。而且，成熟了的菠萝蜜，哪怕表皮完好，香味也会散发出来。如果梯子够长，也可以爬上梯子，靠近果实，能闻到香味的就可以摘下来。

灵界小学东边教室前的空地上也种了一排大树菠萝。那些大树菠萝的果实挂得很低，离地面不到一米，树干上挂满了密密麻麻的果实。菠萝蜜集中在暑假期间成熟。总有一些调皮的孩子，还没等菠萝蜜成熟，就偷偷摘下来，切开后发现还没成熟，不能吃，就这样白白糟蹋了。

夏天，我们经常用大树菠萝分泌的黏液粘蝉。池塘边上的那棵大树菠萝，成了我们的乐园。虽然树已老，但每年仍然伸出新枝，长出新叶。我们从枝头上将叶子摘下来，枝与叶的断口处会流出白色的汁液。这些汁液等水分沉淀、蒸发后便成了黏液。我们时常将这些黏液涂在长棍末端，偷偷袭击那些叫个不停的蝉。有些时候，那些蝉被吓到了，急忙起飞，逃离前还不忘撒一泡“尿”下来，正好洒到我们的脸上。

到了年关，我们经常爬上池塘边的那棵大树菠萝，采摘树叶来包年糕。在灵界村，春节前，家家户户都会做年糕，最常见的年糕就是叶搭饼。从大树菠萝上摘下的叶子，要经过浸泡、刷洗、晾干等工序后才能使用，我们将包了馅料且团好的年糕放在两片叶子之间，放在大锅里蒸……

这时候，灵界村到处飘荡着年糕的味道，那是年糕带给孩子们的快乐，也是大树菠萝留给我们的永恒回忆。

植物朋友圈

大树菠萝

想对不了解我的人类说：如果好奇我的果实的味道，建议先少量尝试，别一时冲动买一整个果实回家。要是你已经买了，注意我的果实会分泌黏液，切割时要先戴上手套，给刀抹上食用油再切，这样使用完的刀清理起来就容易了。另外，我的果核煮熟了也能吃，据说吃起来味道像板栗和菱角。

1小时前

♥ 荔枝，榴梿，菠萝，桑葚

荔枝：别光告诉他们怎么吃呀，我们的果核还可以种在土里，等发芽抽叶后，能当漂亮的盆栽养呢。

大树菠萝回复荔枝：我在乡下生长习惯了，还真没想到这个！

桑葚：今天才知道，原来你不是菠萝的亲戚，反而和我关系比较近。

大树菠萝回复桑葚：是呀，我们都是桑科植物，一家的！

菠萝：我的老大哥，名字都有“菠萝”二字，怎么你可以长得这么壮！

大树菠萝回复菠萝：哈哈，我的果实可是世界上最大最重的水果。

菠萝回复大树菠萝：厉害！不过怎么听说你的果实有人类的脚丫子味儿呢？

______：____________________________

______：____________________________

凤凰木如“浴火凤凰”

岭南多凤凰木，植株雄壮，高度可攀升至二十米有余，绿叶丰盈浓郁，葱茏苍翠，羽状的复叶细细密密。树冠之宽广，宛如大地之翼，向四面八方铺陈开来，能铺盖偌大的地盘。整棵树如一把撑开的绿色巨伞，为行人提供一片清凉的避暑之地，“遮阴树”果然名不虚传。

我记得灵界村的村口除了遒劲的古榕树，还有两棵高大的落叶乔木——凤凰木。这种豆科的植物是“热带三把火”之一，开出来的花，红艳如火焰，花开满枝时，像是“凤凰涅槃（nièpán）”的化身。

池塘边的凤凰木从何而来，人们似乎说不出个所以然。雷州半岛地处热带地区，凤凰木原产于遥远的马达加斯加，属于热带树种，千里迢迢来到雷州半岛，在灵界村的大地上扩散开来。

两棵凤凰木一前一后生长在村口，挺立着，粗壮的树形伟岸，伞状的树冠优美，翠绿的枝叶稠而浓密，长势欣欣向荣，似乎喻示着无限的生机。

凤凰木喜欢长在阳光充沛的地方。雷州半岛的阳光正炽烈，生长在这里的每一棵凤凰木都是一处靓丽的风景。渐渐地，凤凰木也像榕树一样，成了乡亲眼里最熟悉的“村树”。

记忆里，我最喜欢站在池塘边，望着对岸的凤凰木。两棵凤凰木正逢花季，满树都是火红的花朵，如一团一团的火焰，又像两只凤凰在半空中飞

舞，跟灵界村的“火烧云”一样，天上人间竟难以区分，令人惊诧。

我读中学的时候，校园里有好多棵凤凰木，立在广场边上。盛夏一到，凤凰花浓烈如火。远远一看，红花若染。这般璀璨的景象，正是“叶如飞凰之羽，花若丹凤之冠”。

我的语文老师多多少少有一点诗人的气质，讲到凤凰木时，诗情横溢——

凤凰鸣矣，于彼高冈。

梧桐生矣，于彼朝阳。

这是来自《诗经·大雅》的描述。纵然语文老师声情并茂

地朗诵，我们却并没有太多的兴致——对理解古诗词有着胆怯。倒是前排的女同学从抽屉里翻出一本《倾城之恋》，幽幽地说，还是张爱玲写得好——

它（凤凰木）是红得不能再红了……壁栗剥落燃烧着……把那紫蓝的天也薰红了。

那时的我们正值青春年少。懵懂间，似乎更喜欢这些煽情的句子。

凤凰木的花语包括“离别”与“思念”。凤凰木开花，恰好就在六七月。此时，正逢毕业季，多少学子离开校园，踏上新的征程。凤凰木开出的花鲜艳热烈，却不长久，似乎一夜间便会凋谢，就像那火热而短暂的同窗时光，离别的同学们，想到今后便是天各一方了，难免就有一番惆怅，耳边常常响起歌曲《毕业生》："蝉声中那南风吹来，校园里凤凰花又开……"

植物朋友圈

凤凰木

不知是谁想的鬼点子，在这条美丽的街道上，将我和蓝花楹、合欢混在一起当绿化树。我们不开花时，不少人类会认错，真是太逗了。

30分钟前

♥ 合欢，蓝花楹，南洋楹，樟树

蓝花楹：我们都是二回羽状复叶，树形也相似，的确不好分辨。

合欢回复蓝花楹：你的叶片和我们的最不像，小叶顶端尖尖的。我的小叶与凤凰木的比较像，但我的小叶叶脉更靠近一边，它的小叶叶脉则相对居中。

凤凰木回复合欢：厉害了！我都没这么仔细观察过。

南洋楹：嘿嘿，幸亏这条街上没我，不然他们更糊涂了，肯定会有人把我错认成合欢。

木棉：嘿！朋友，我们“热带三把火”该聚聚头啦！

凤凰木回复木棉：安排！

南洋楹回复木棉：第三把火是谁呀？

______：______________________________

______：______________________________

榕树成“风水林”守护着村庄

我见过一处榕树的奇景。

在一座楼的外墙上，生长着一棵榕树。因缺水、缺土和缺肥，榕树一直长不高，才一米多；树干也不粗，直径顶多两三厘米；枝条也不多，仅三两枝罢了。榕树一部分的树根吸附在墙砖上；一部分树根钻入墙壁的砖缝里，将砖块紧紧地抱入怀中；还有一部分气根悬挂着，从顶楼垂到一楼，在半空中试图寻找攀附物。

这处奇景就在灵界村。灵界村随处可见榕树，它们有不少出现在湿地——池塘边，田埂上……

榕树有的有气根，有的无气根。有的气根很粗很长，可以从树上一直延伸到地面，钻入地里，不断长大，支撑着树枝。有的气根就一米左右，一直在半空吊着。榕树有的叶子比巴掌还大，有的叶子

跟硬币一样大小。

榕树虽然耐旱，但它似乎更喜欢生长在湿地里。湿地里的土壤湿润，榕树的气根又倒插入水里，生长开来，便成了树干。这些树干像藤蔓一样同根生长，脉络相连，久而久之，便成了一片榕树林。

灵界小学里的那棵老榕树是我最喜欢的。那棵榕树到底有多老，连村里的老人也说不清楚。榕树旁有一口古井，许是有了井水的滋润，这棵榕树高耸入云，几乎是全村最高的树木了。

那时候，我在灵界小学读书。夏天，晚自习后，我们几个男生不回家，转头跑去与外村的住宿生一起，拿着草席铺在榕树下的乒乓球台上睡觉。在榕树底下睡觉，要有“舍身喂蚊”的气魄。不过，全村找不到谁家有不破洞的蚊帐。所以在榕树底下“喂”蚊子，跟在家里“喂”蚊子，实际上没什么区别。只要蚊子不在耳朵旁嗡嗡叫，在哪里我们都能睡得着。

但除了蚊子，榕树上还有好多不同虫子。每次早上醒来，草席上都有很多虫屎。乡下的孩子才不在乎这些，因为榕树下是我们的乐园。当然，这都是我小时候的事情了。

那时候，学校虽然没有什么体育器材和设备设施，但是难不住老师，他们可以“就地取材”。老师在村子里找到一根结实的竹竿，竖立着绑在榕树的横枝上，让我们爬竿。力气大的孩子，左右手互换着，轻轻松松就爬到竿顶；力气小的孩子，要手脚并用才能爬上去。那时的我们经常爬竿，锻炼了臂力，回家就可以帮助大人挑水干活了。

在榕树下，我们还经常采摘榕树的叶子，卷成笛子，比赛谁做的笛子吹得更响。一片叶子，也能让我们玩得不亦乐乎。

在榕树下弹玻璃珠也是我们常备的节目。只要不是下雨天，地面不湿就可以玩。我们在地面挖三个等距窟窿排成一条线，大家站在一条横线前，往最远处的第三个窟窿抛玻璃珠……一次又一次，玩

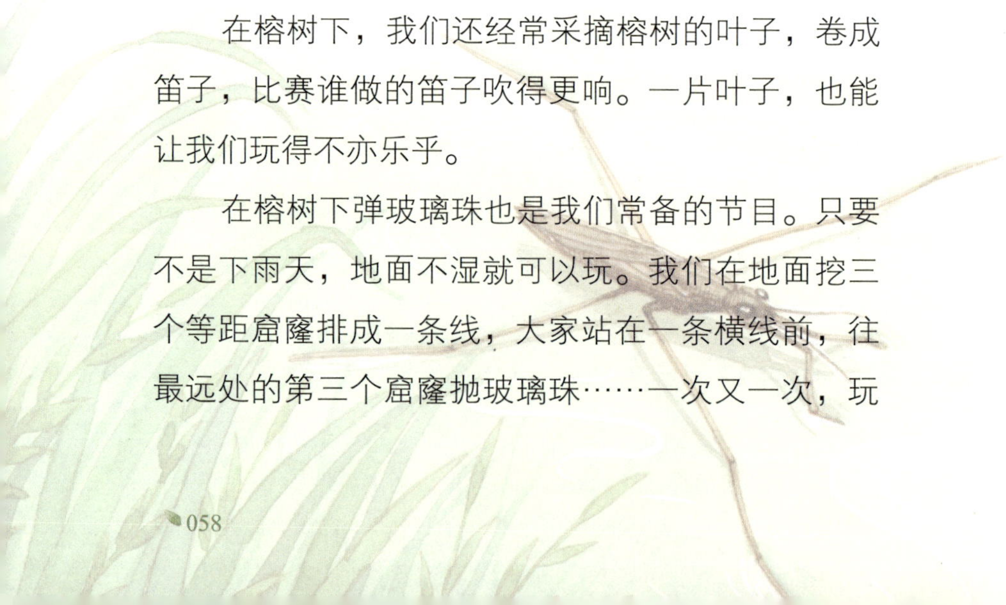

得热火朝天。

榕树上经常有很多野鸟叽叽喳喳，树枝上还有不少鸟窝。老师教育我们，不准惊动鸟类，更不准打鸟窝的主意。大家与野鸟和平相处，停栖到榕树上的野鸟越来越多，成了学校一道美丽的风景线。

灵界村的南边有一块宽阔的稻田，那也是一块湿地。田埂上，生长着一棵雅榕。这棵榕属植物的气根更是千丝万缕，仿如长髯（rán）飘逸，又恰似垂柳婆娑。

岁时久了，雅榕的枝条蜿蜒盘旋开来，气势磅礴，渐渐侵入了稻田。水稻是种不成了，树底下渐渐形成一片池塘。池塘边有树，水里有鱼，构成一幅动人的湿地生态图。

这棵雅榕也成了灵界村的“风水林”，一直守护着村庄……

植物朋友圈

榕树

我的文章《隐秘的朋友》今日发表于《湿地植物报》的文艺副刊，大家感兴趣可以看看。这位隐秘的朋友可是帮了我大忙，如果没有它钻进我的果实里授粉，我是结不了果的。

5分钟前

♥ 无花果，榕小蜂，大树菠萝，夏枯草

三色堇：是蜜蜂还是蝴蝶？或者苍蝇？这可都是我的老朋友。

榕树回复三色堇：都不是，我这位朋友只有几毫米大小。

无花果：我知道是谁，它也是我的好朋友。

榕树回复无花果：哈哈，这位朋友在你我的果实中，既帮我们授粉，又让他自己有适宜的地方产卵繁衍后代，我们互利共生！

大树菠萝：我住在你旁边，竟没发现你有这么神奇的朋友，你们称得上是“模范好友”了！

萤火虫：别卖关子啦！到底是哪位呀？

______：______________________________

______：______________________________

椰子树长在故乡的海边

雷州半岛三面环海，“我们的故乡被大海环抱着”之类的句子，时常出现在同学们的作文本上。每当海浪滚起来，发出有节奏的声响，心就会按捺不住，脚步也跟着动了。于是，我和我的伙伴们往海边走去……

汹涌的大海，时常激励我们要乘风破浪；奔腾的热浪，又时常将我们烤得蔫（niān）头蔫脑。少年的心，就这么被搅得起起落落，一会儿追逐海浪，一会儿躲避热浪，总是静不下来。

可是，只要站在海边的椰子树旁，就不一样

了。椰子树向着大海，微倾着身躯，平时被热浪炙烤，台风时被海浪拍打，却依然那么坚定，它让少年的心安静了下来。

椰子树是棕榈科的一种大型常绿乔木，适合在热带气候或亚热带气候地区生长。椰子树立身于海边的沙滩，海风一吹，树叶就会发出“沙沙沙”的声响，伴随着海浪起伏，奏响一曲又一曲动听的乐章。

喜光的椰子树在充沛的阳光照射和咸湿的海风吹拂下，生长得高大挺拔，树干直挺挺的，长到十多米的高度，根本不在话下。要是年月一长，椰子树还能长到三四十米高，高高在上，可望不可即。

与一边生长一边脱皮的白千层相似，椰子树是一边生长一边脱枝，最终整个树干脱得无枝无蔓，光溜溜的。椰子树顶端巨大的羽毛状叶片从树梢伸出，撑开来，整棵椰子树看起来像一把绿色的伞。

但在炙热的夏日，单靠椰子树这一点枝叶遮阳，是远远不够的。所以我在海边玩耍时，会戴一顶草帽，尽管如此，我们的皮肤还是被晒得黝黑黝黑的。

站在海边的植物，除了椰子树，有木麻黄，还有榄仁树。要是让我们从这三种树木中选一棵“最喜欢的树”，毫无疑问，椰子树是首选。原因很简单，少年嘴馋，爱喝椰子水，也爱吃椰子果肉。

通常我们玩累了就停下来，用长长的竹竿一捅，树枝上的椰子果就砸了下来，松散的沙土被砸出一个坑。我们抱起椰子果，用力摇一摇，再拿树枝抵穿椰子果顶部的小坑，双手将椰子果举起来，对着嘴倒椰子水，喉咙里顿时感受到一片清凉、一阵椰香，整个人一下子就“透心凉”，难怪有人称椰子水为“神仙水”。

在雷州半岛，清甜的椰子水是必备的夏日饮品。在满是椰子树的海边，时常会见到沙滩椅上躺着休闲的旅人手捧椰子果，喝得正欢呢。

别以为只有现在的人才喜欢喝椰子水，其实古人也喜欢。大文豪苏东坡更以诗“点赞”过它——

天教日饮欲全丝，美酒生林不待仪。
自漉疏巾邀醉客，更将空壳付冠师。

从灵界村出发，往隔壁小镇企水走，就到了码头。春游、秋游的时候，学校总会安排我们往海边走。有时候，我们就这么躺在沙滩上，漫无边际地“侃大山”，那是独属于孩子的快乐。

此时，海边的椰子树静静地陪伴着我们。不知道是谁带头，唱起了刚刚学会的《外婆的澎湖湾》——

晚风轻拂澎湖湾　白浪逐沙滩
没有椰林缀斜阳　只是一片海蓝蓝
坐在门前的矮墙上　一遍遍怀想
也是黄昏的沙滩上　留着脚印两对半

这番情景，真是美好。

在悠扬的歌声里，我们的眼皮沉下来，枕着海浪，仿佛就要睡着了。恍惚中，有晚风，也有椰林，更有少年时的歌声，在耳边回荡着，回荡着……

植物朋友圈

椰子树

严肃声明：椰果上的三个孔是纯天然的，不是人工戳出来的，也不是为了方便人类插吸管喝椰汁而长的！三个孔中，有一个是萌芽孔，当椰果找到合适生长的地方后，胚会通过这个孔萌芽，继而长成一棵高大的椰子树。

12分钟前

❤ 大树菠萝，棕榈

大树菠萝：没想到你还懂得“狡兔三窟”！

椰子回复大树菠萝：我可不是狡猾，为了能顺利繁衍下一代，多做点准备总是好的。

棕榈：我见过用蟹钳撬开椰果的椰子蟹、咬开椰果的马来熊、砸开椰果的猴子、踩裂椰果的大象……你可真受动物们欢迎呀。

椰子回复棕榈：哈哈，除了受动物们欢迎，我身体的每个部位也都深受人类喜欢呢。

棕榈：快说说，快说说。

______：______________________________

______：______________________________

下辑

蔬果卷

蔬果生于丰饶的大地，是大自然的瑰宝，自古以来就是生命的食粮。它们或甜美，或香醇，养育着人类，也滋养着虫、鸟、兽。每一种蔬果，都是大地的慷慨赏赐，大自然精心雕琢的礼物。

那些口感宜人的蔬菜，如清香满溢的水芹，软糯细腻的芋头，爽脆鲜嫩的普通白菜等，为人类的餐桌增添了丰富多彩的味道；那些令人满口生津的水果，如嫩柔多汁的佛手瓜，水分充足的莲雾，酸爽清新的柠檬等，满足了人类的多元味蕾需求。

蔬果像一叶叶不系之舟，在四季的河流中漂泊，流转于春、夏、秋、冬，经历播种、成长、收获和储藏。每一颗蔬果都承载着一段旅程——从生长到成熟到回归大地的旅程，还见证了农民的辛勤耕耘，见证了大地的丰饶与恩赐，见证了人类与自然的和谐共生。

诗意的水芹是虚心的蔬菜

一边依山，一边临水，我家的这座菜园子可谓“宝地”。

菜园子旁边的溪水四季流淌，流至此处，渐渐形成一汪池塘。池塘边原是块荒地，长满了野草……母亲看中了这块好地方，硬是依着山势开出了一片菜园子。菜园子里种着各式各样的蔬菜。母亲顾着地里的活，就顾不上菜园子里的菜。于是，母亲便指派我代管菜园子。

母命难违。一放学，我便往菜园子里跑。先浇这一畦萝卜，再浇那一畦旱芹……末了，在池塘边舀水捉鱼时，我看到了长在池塘边的野生水芹。

它们与杂草混在一起，不仔细辨认，就会忽略了它的存在。

水芹有的茎直立而生，有的基部匍匐（púfú）而生，难怪也有人叫它为蒲芹。我伸手摘了几棵水芹，才发现，它的茎呈圆柱形，中空，很脆，轻轻一折，一下子就断了。水芹的叶柄纤弱而细长，小叶对生，叶片呈尖卵圆形，翠绿，有不整齐锯齿。

我不禁想起当代散文家李汉荣在《水芹菜》一文里对水芹的特性的描写——

在水边泽畔，水芹菜一直受着水的良好教养——水，这万物的导师，教导它居高岸而不傲，处卑地而不贱，随波而不弃根性，逐流而不改本心。它对此则耳濡目染，心领神会，养成并保持了清淡、随和、质朴的性情。

《吕氏春秋》里也有记载："菜之美者，有云

梦之芹。”好一个“云梦之芹”，美妙至极。此芹便是水芹。

混杂在野草中的水芹一片一片地蔓延开来，它的枝叶摇曳着，舞动着春天的旋律。此时，我的手里正握着一把水芹，鼻腔里满是芬芳。这些嫩茎和叶柄，成了中国人餐桌上的佳肴，正如唐代诗人赵璜（huáng）在《正月》里所写的一样——

正月今朝半，阳台信未回。
水芹寒不食，山杏雨应开。
世网留三宿，真源寄一杯。
因声谢猿鸟，岁晏会归来。

我又想到曹雪芹。曹雪芹本人爱吃芹菜，曾用雪下芹菜的嫩芽，配以斑鸠肉丝，制作出一道名菜：雪底芹芽。这道菜味道清淡，又蕴清香，至今仍被后人津津乐道。

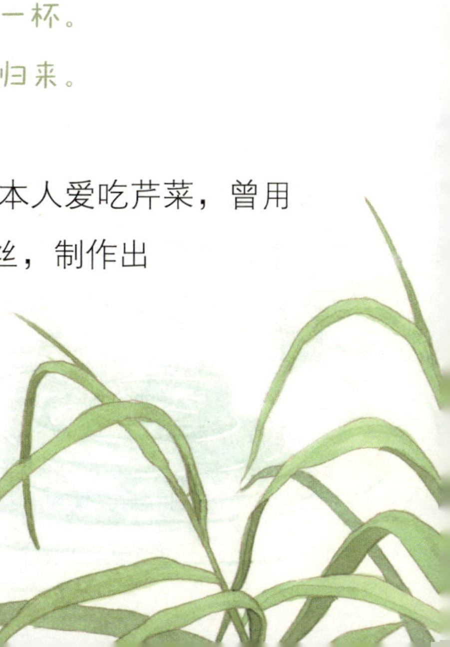

其实，“雪底芹芽”这道菜，“抄”了苏东坡的菜谱。因为苏东坡的诗句早就写道：“泥芹有宿根，一寸嗟独在。雪芽何时动，春鸠行可脍（kuài）。”

苏东坡被贬黄州时，路过蕲（qí）州。蕲州水芹多，且味美。他灵机一动，将老家的“春鸠脍”改良成了“蕲芹春鸠脍”，即“东坡春鸠脍”。

除了被端上餐桌，水芹更是被赋予丰富的文化意蕴。

在中国古代，水生草本植物荷花或因“出水芙蓉”的清雅长相，或因“出淤泥而不染”的高尚意味，被文人骚客赋予了美好寓意。

水芹同样如此，传说鲁国的孔庙旁有泮水，《诗经·鲁颂·泮水》里就这么记载：“思乐泮水，薄采其芹。”意思是说，泮水岸边真快乐呀，快来采收水芹。读书人摘取水芹，从而演化出“采芹”一说。渐渐地，“采芹人”便成了“读书人”的别称。

水芹的茎是空心的，此状又被文人赋予新的意象，说水芹是虚心的蔬菜。故而有了李白的“徒有献芹心，终流泣玉啼”，又有杜甫的“献芹则小小，荐藻明区区”，似乎大家都学起了水芹，自谦得让人自然而然地想起“虚心使人进步”这句名言。

与表达学芹自谦的诗句比起来，杜甫的“香芹碧涧羹”、白居易的“饭稻茹芹英”、陆游的“盘蔬临水采芹芽”似乎更有影响力。在三位文豪的诗句中，水芹有着如此诗情画意的名字——“香芹”“芹英”“芹芽”，这些雅称至今仍然流传着……

植物朋友圈

水芹

提醒那些在野外采摘并把我们做成盘中餐的人类朋友，请一定要注意区分我和毒芹，因为毒芹含有剧毒，千万不能吃。我们的叶子和茎都细长细长的，茎上没有茸毛，带着清香，而毒芹的叶子又宽又短，茎上毛茸茸的，闻起来臭臭的。

15分钟前

♥ 水芹，水仙，蚂蟥，蒲桃，毒芹

水仙：人类朋友去菜市场找你们会比较靠谱。

水芹回复水仙：对的，多去菜市场，他们也不会轻易认错你和蒜苗了。

蚂蟥：我觉得有必要提醒一下人类朋友，我很多时候与水芹同在。

水芹回复蚂蟥：路边的野菜不要乱采，不然连你都被带回家了。

蒲桃：听说种植你们能净化水质？

______：____________________________

______：____________________________

一株藕长出一池藕的秘密

灵界村的藕，其实很少、很少……

藕出现在我家的菜园子旁，纯粹是一个偶然。不知道从哪里掉下来的种子，就在池塘边成长了起来。

灵界村的许多菜园子，就在池塘边。将三面围起来，另一面连着池塘，就种起菜来了。

藕长在池塘里，算是跟菜园子沾上了边。母亲进进出出菜园子，也没注意到，有一株藕长得风生水起，只见荷叶田田，似有一副接天铺水之势。

藕是莲科植物莲的肥大根茎，别名很多，又

叫莲藕、荷藕等。藕的地下茎根据生长的最终形态分为匍匐茎和根状茎。匍匐茎是生长器官，也叫藕鞭；根状茎是贮藏器官，称为藕。

藏在泥里的藕，在顶芽或侧芽的位置先生出藕鞭，再长藕。藕和藕之间有节，在节上可以并生叶片及花梗。

站在池塘边，我们能看见的是藕叶和花梗。其实，在塘泥里，藕带才是藕鞭的生长芽，它在泥淖里四处探路，钻透力十足，让藕鞭恣意生长，在鞭节上再分出侧鞭，侧鞭再分枝。

菜园子旁的藕由一株变成了两株、三株。每一株藕都在节间向下生根，向上长叶，逐渐将大半边池塘都占领了……

藕鞭在水面下努力生长，待最高的一片藕叶长出来后，可能是植物的遗传基因发挥作用，也可能是时令敲响了钟声，这时候的藕鞭就不再横着长了，节间会露出最后一两片展不开的藕叶。这种叶子也叫终止叶，就像乐谱里有终止线一样。

终止叶在空中摇曳，藕鞭的生长素就开始发挥作用，长出来的不再是细小的藕鞭，而是粗壮的藕节。

有意思的是，由主鞭的先端生长出来的藕一般被称为母藕。在母藕的节上再抽生出分枝，然后长成的藕是子藕，要是子藕的节上再分枝，生长出来的藕

则是孙藕。这也是一株藕可以生长出一池藕的秘密。

藕长出了气势后，很快就吸引了母亲的目光。池塘的水并不深，对大人来说，顶多没膝。顺着藕柄往下摸，便摸到了藕。从黏糊糊的灰黑的泥潭里一点一点地起藕，一节又一节。短的有三节，长的有六节。在池边清洗掉泥土，露出肥硕的一节节的圆柱形的藕身，表皮有的是乳白色，有的是黄白色，还有的是黄玉色，举起来，就像人的肱臂。

母亲仿佛占了大便宜，心情愉悦，提着一篮子藕回家。到家后又是切，又是煮，满屋子藕香味，吃得我们欢天喜地。

有趣的是，嘴里的藕无论怎么咬，咬开后藕上总有丝，伸手去拉，越拉越长，这时候才真正知道什么叫“藕断丝连”……

一个“藕断丝连”就将藕的文化呈现在我们面前，此外更有经典的诗句“千丝碧藕玲珑腕”，又或者“藕隐玲珑玉”等。我最喜欢的，还是南北朝的《西洲曲》里的片段——

低头弄莲子，莲子清如水。
置莲怀袖中，莲心彻底红。

这样的藕文化，是我后来慢慢读懂的。跟千古名诗一起留存下来的，是藕的种子。说是有些藕种深埋在泥炭里，千百年后，仍然能再度抽芽、长叶、开花……

千年藕种复生的故事，并不稀奇。在我居住的城市——中山，就有著名的“孙文莲”的故事——

早在一九一八年，孙中山先生向日本友人田中隆赠送了四枚古莲子当礼物。若干年后，这四枚莲子经古生物学家大贺一郎博士鉴定，其寿命已在千年以上，其心仍然存活着。

在大贺一郎的苦心培育下，一枚古莲子奇

迹般活了过来。这株复活的古莲，与鉴真东渡日本带过去的“大唐招提寺莲”杂交培育了新的品种，这就是流传至今的“孙文莲”。

藕的故事，仍在继续。这一株又一株的藕，起源地或在中国，或在印度。它们穿越万千年，在河姆渡文化、仰韶文化等新石器时代文化遗址的出土文物里，都能找寻到踪迹。

无论是忍耐千百年的藕种，还是池塘边一株普普通通的藕，终归都只是一株藕。花开花落间，藕自是生死轮回，一切归于平静，一切归于泥土。

藕无声无息，也生生不息。

植物朋友圈

藕

真没想到，我竟然又在这里碰到了水芹！要知道，我们“水八仙”成员经常在餐桌相遇，特别是江南的秋天，我们经常举行一轮一轮的聚会，虽然“八仙”齐聚有点难，但其中几个在餐桌碰到可是平常事。相比起来，像这样和水芹碰面的机会着实不算多呢。

52分钟前

♥ 水芹，芋头，菠萝，陆游

水芹：仙友，我也很意外！

藕回复水芹：没想到书中相会反而了解你更多。

陆游：新钓紫鳜鱼，旋洗白莲藕。

藕回复陆游：又懂诗又懂吃，厉害了。

芋头：这八仙活动在哪里评选？给个链接，我也自荐一下，嘿嘿。

藕回复芋头：你的绝招不是鲜，可能有点难。

菠萝：话说其余的六仙都有谁呀？

______：______________________________

______：______________________________

佛手瓜举着一个又一个拳头

稻田边上是一片坡地。坡地上，细叶桉树挺立着，高耸入云。低处有一些灌木，杂生的，要是结一些果实，我们伸手就摘，然后往更低处的水沟走，俯身一洗，便将其塞进了嘴巴里……

在灌木丛与水沟的中间地带，是母亲辟出的菜园子。我们一边种稻，一边种菜，一点儿闲工夫都没有了。往往我在稻田拔杂草拔得心不在焉的时候，母亲就会一声呵斥：

“快去菜园子浇水，顺便摘个瓜吃吃。”

母亲真是软硬兼施的高手。

母亲说的瓜是佛手瓜。

佛手瓜既可当菜，熟吃；又能当水果，生吃。有意思的是，佛手瓜的瓜形如两掌合十的佛手，其味甜，又有祝福之意，深得大家喜爱。

佛手瓜是什么时候种的，我全然不知。母亲打理菜园子很有一手，这瓜才熟，那瓜就已长出来了；这菜刚吃完，那菜也长得七七八八了。整个菜园子，一茬接一茬，仿佛永远吃不完，十分神奇。

母亲将菜园子里的地拢起来，拢成一排一排的，总共有三排。靠近坡地的一排，插着瓜架，供瓜藤随意往上爬；中间的一排，种薯芋类、葱蒜类蔬菜；靠近水沟边的那一排，种叶菜类蔬菜。划分清晰，布局合理，她简直就是蔬菜种植专家。

佛手瓜是攀缘能力极强的瓜类蔬菜，长势迅速，叶蔓茂密，没多久，就能将整个瓜架占得满满当当的。但瓜藤还不知足，伸出卷须，向着坡地边的灌木丛伸过去。可是，瓜架与灌木丛还有一段小小的距离，卷须触不到，垂了下来。卷须不甘心，

努力向上卷着，形成了一个“V”字形。

一段时间后，佛手瓜的卷须继续延伸着，这个“V”字形似乎变成了不规则的“W”字形，之后就勾卷到了灌木丛里，将灌木当成了瓜架。没多久，佛手瓜的侧枝开始不断分生，每一个叶腋处都萌生出侧芽，形成蔓状，像要在这一片灌木丛中不停歇地延展下去。

我留意到佛手瓜的叶片上面布满了棱沟。拨开茂密的叶片，就可以看到纤细的叶柄。我将一片呈掌状的五角形叶片摘了下来，用手抚摸着，上面的膜质轻柔。叶片中间的裂片较大，侧面的较小，先端渐尖，边缘还有小细齿，基部呈心形，整个叶片就是一件艺术品。

浇了几次水之后，佛手瓜在夏末秋初结了果。果实的外观是倒卵状，略呈梨形，瓜身有明显的五条纵沟，瓜顶还有一条缝合线。见惯了形状规则的西瓜、南瓜、冬瓜，这般有点奇形怪状的佛手瓜，让人印象深刻。要是在熟悉的瓜类蔬菜里寻找类似物，可能苦瓜可以扯上边。毕竟，它们的外皮都有褶（zhě）皱，但佛手瓜看起来，更像一个屈指握起来的拳头，更圆润。

佛手瓜是一种极为高产的瓜类，瓜藤上结着密密麻麻的果实。一棵佛手瓜甚至可以结出二三百个果实，有着“丰收瓜”的美誉。此时，它们的果皮或是绿色，或是白色，像举着一个又一个拳头，或向着太阳，或向着我们……

灵界村的孩子调皮惯了，对没人看管的菜园子更是虎视眈眈。还没等佛手瓜熟透呢，我们伸手就摘，放在嘴里一咬，质地清脆，嫩柔多汁，一下子就填饱了肚子。要是待佛手瓜熟到老了，它的表皮就会变灰且变硬，乍一瞧，整个外观就像一个瓦器，因此在清代它也被人称为“瓦瓜”。

佛手瓜的种子奇特得很，一个瓜只有一粒种子，有点“一个萝卜一个坑”的意思。比这个更奇特的是，它们的种子没有坚硬的种皮保护，离开瓜身，它们就无法发芽了，要想留种，只能保存整只瓜。

记忆里，母亲每年都会藏好多佛手瓜在屋子里。我们那时不知道这些佛手瓜真正的用途，便拿着去玩……结果挨了母亲的严厉教训。

与其他瓜类蔬菜比起来，佛手瓜算是“迟来的

舶来品”。它的原产地在墨西哥、中美洲及西印度群岛，大约在19世纪初传入我国。

好在佛手瓜很快就落地生根了。最先在广东、广西和云南等地种植，后慢慢延伸到全国各地。只要给佛手瓜一两个“窝”一般的地块，它就能开枝散叶，蔓生的瓜藤随处可见，见树就爬，见物就攀，一下子就覆盖了一大片，成为易种植和产量高的蔬菜。在一众蔬菜面前，佛手瓜颇有“后来居上”之势，成为亲民的蔬菜。

植物朋友圈

佛手瓜

人类有句俗语叫“种瓜得瓜”，我觉得用来形容我们家族就很贴切。我们每个家庭成员长大后都只有一粒种子，且这粒种子不能单独取出来保存，所以人类只能把我们整个瓜种下去，种子在我们身体里发芽生长，长成藤蔓，再开花结果，完成生命的循环。

26分钟前

♥ 佛手，柠檬，南瓜，红薯，番石榴

佛手：啥时候人类朋友能够明白，我俩名字中虽然都有“佛手”两个字，但差别还挺大的。

佛手瓜回复佛手：对啊，我是葫芦科佛手瓜属的，你是芸香科柑橘属的，而且我们衣服颜色差那么多，长得也不像，咋就分不清了呢？

南瓜：你们一户竟然有几百个兄弟姐妹，实在让人叹为观止啊。

番石榴回复南瓜：所以他们又叫丰收瓜。

红薯：听说你们的茎叶也会上人类的餐桌？

______：____________________________

______：____________________________

芋头会让齿间留香

到了夏天，灵界村的菜园子就热闹了起来，处处都是风景。菜园子的瓜架上挂满了豆角，垂下来，像梳着一条条小辫；还有那黄瓜，每个头顶着一朵小黄花，像是戴了一顶帽子……芋头则不长在瓜架上，它们长在菜畦里。

我对芋头真是又爱又恨。爱的是，家里煮芋头饭时，我光芋头饭就能吃上三碗，还没夹其他菜，肚皮就被撑得圆鼓鼓的，还不罢休。母亲这时候就会制止说："肚饱眼不饱，不能再吃了。"恨的是，芋头的黏液里含有草酸钙针晶等刺激性物质，

若是一不小心用手触碰到，就会被刺激到皮肤发痒，继而红肿，难受得很。

这就是芋头独特的魅力。

芋头是芋的块茎，芋按照栽培类型可分为水芋和旱芋。灵界村的芋多是旱芋，要么种在菜园子里，要么种在旱田里。种芋的时候，母亲总是将泥土拢得高高的，不让水浸着芋根，说这样生长出来的芋头才够粉糯。

芋叶长出来的时候，叶柄长而粗壮，像长戟；叶片宽大，像盾牌。芋喜欢生长在气候温暖湿润的地方，雷州半岛的气候恰好合适，这里的芋长势向来都好。

就算遇上干旱的季节，芋巨大的叶子也能收集露水，哪怕是被高温灼伤了，也只是叶缘枯黄，叶片仍然能够继续生长；要是遇上潮湿的环境，芋还有“吐水”的本领，过多的水分从叶片边缘的吐水孔排出——潮湿环境影响叶片的蒸腾作用，“吐水”保证了芋体内的水分输送和水分平衡。

到了夏天，芋的叶片正长得硕大，晴天时在田间，微风吹动，芋叶摇曳，如绿浪……这时候的芋叶，像一把扇子，为我扇风；艳阳高照，芋叶萎缩，了无生气……这时候的芋叶，就像一顶阳伞，为我遮阳。我偶尔也会摘一片下来，举到头顶。记忆里，在田间放牛，偶尔忘了戴草帽，这时，芋叶便成了我的草帽。

遇上了雨天，成片的芋叶别有一番风情。雨水落在叶片上，化身成水珠，有时候就停

留在叶片上，闪闪发光。叶片之所以不会被雨水打湿，皆因叶片上有着蜡质的微结构茸毛。这也是芋叶不管在多么潮湿的环境下都能够保持叶片表面干爽的原因所在。

芋的植株基部生长一段时间后，会形成短缩的地下块茎，也就是我们所说的“芋头”，又或者是“母芋”。挖芋头的时候，母亲一般不让我靠近，担心我被芋头的“毒液”刺激了皮肤。

没办法，我只好站在一旁看。那些从泥土里挖出来的芋头，多是纺锤状。母亲一边挖，一边用河沟里的水清洗，洗净的芋头多是棕褐色，一个又一个挤在簸箕里，显得有点木讷和憨厚。

到了午间，母亲偶尔会将芋头切成块煮糖水。我发现它的果肉是白色的，或者米白色的，偶尔也有紫灰色的，其间还有粉红色或褐色的纹理。

煮熟后的芋头，带着一股浓郁的香气，有的粉质细腻化入水中，有的粉质稠密仍为块状，正如苏东坡所言“香似龙涎仍酽白，味如牛乳更全清”。

芋头的香味是那时我味蕾上最好的滋味。

芋头还有一种吃法，就是煨（wēi）。少时家里的厨房灶台是三脚灶，我烧柴做饭时，顺手塞一块芋头放进灶里慢慢烤，一段时间后，芋香就飘了出来，再用木棍将芋头拨出来，趁热剥掉外皮，露出满是淀粉的芋肉。这时候，迫不及待地咬上一口，满嘴都是醇香。

这样的吃法，像极了古人。古人一边吃煨过的芋头，一边还吟诗，字里行间，全是香味和情意。像宋代范成大在《送举老归庐山》中就写到了“煨芋头”——

二千里往回似梦，四十年今昔如浮。
去矣莫久留桑下，归欤来共煨芋头。

灵界村种植的芋，原产中国、印度及东南亚地区。在中国种植的芋品种很多，最出名的当属荔浦芋，其块头特别大，芋肉呈奶白色，肉质松软，独具风味，在古代是首选贡品。

无论何时何地吃芋头，齿间总是会留香的。芋头的松、香、软、细，全是让人频频回味的口感，是值得珍藏的记忆。

植物朋友圈

芋头

虽然都叫芋头，在北方，我们通常被称为“多子芋”，由于植株容易分蘖（niè，指大芋头自然分出小芋头），芋妈妈会分出很多子芋、孙芋，北方人类朋友餐桌上的主要是子芋和孙芋。而在南方，你通常见到的我们叫“魁芋”，芋妈妈很大，子芋数量比较少，人类朋友一般会把芋妈妈端上餐桌。

40分钟前

♥ 水稻，小麦，司马迁，玉米

水稻：我们的家族历史都很悠久啊。

芋头回复水稻：是啊，我们曾经和你们一样，是被视为粮食作物的，而不是现在的蔬菜。

小麦：听说你们有毒？

芋头回复小麦：是的，我们含有微量毒素，但毒性低，一般经过加热就去除了。不过，还是要提醒人类朋友，把我们的各个部位送上餐桌时，要谨慎一点。

司马迁：我认为你们是给普通人家立了大功的，所以我在《史记》中提到你们好几次。

芋头：谢谢司马先生！

玉米：魔芋和你们是什么关系呀？

______：____________________________

______：____________________________

普通白菜将心血都给了种子

一棵普通白菜长在菜园子里，叶色青翠，枝干水嫩，娇滴滴的，在春风里摇曳着，怎么看都是一道风景……

在灵界村，没有人叫它小白菜，也没有人叫它普通白菜，无一例外地都管它叫青菜；而遇见大白菜的时候，人们都叫它包心菜。

其实，小白菜也好，青菜也罢，又或者是油菜……它们的正式名称，都叫普通白菜。

普通白菜以莲座状的绿色叶片供人们蔬食，在我国大部分地区均有栽培，或在菜园子里，或在蔬菜棚里。它们的叶片呈长圆形，多是浅绿色，也有深绿色；叶柄肥硕，多是白色的，或是绿白色的。普通白菜中后来演化出一整棵菜的茎与叶都是绿色的品种，也就是今天的“上海青”。

上海青是普通白菜家族中的一员。它是什么时候来到灵界村的，我已然记不太清了。只记得，它叶少茎多，菜梗白白的，形状像小小的葫芦瓢。

印象最深刻的是，上海青的每一片叶子在生长期里就完成了叶绿素的光合作用，呈现出嫩绿色，茎部束着腰，整齐又美观，生长得光明磊落，让人怎么看都喜欢。

普通白菜四季可种，但春夏居多。因为到了秋天，有瓜豆占了田地，冬天又有大白菜抢了风头。好在普通白菜也不计较，只要播下种子，它就奋力生长。

春夏虫子多，青虫尤其偏爱普通白菜，种下普通白菜后，照料起来，往往要格外细心。母亲没什么耐心，时常听见她在菜园子里骂骂咧咧，一会儿骂普通白菜“光喝水不长肉”，一会儿骂虫子不长眼，偏偏喜欢往我们家的菜园子里爬。

我有事没事总喜欢往菜园子里跑。蹲下来，认真观察，发现一堆堆的青黑色虫屎落在菜根边上，而菜叶上遍布一个又一个虫眼，像筛子般。我将菜叶翻过来翻过去，却始终寻不到虫子的身影，不禁纳闷：“虫子吃饱后，跑哪儿去了呢？”

雷州半岛的夏天太阳炽烈，又少雨。普通白菜娇嫩，一不浇水就蔫，好像鱼儿一般，一离开水就呼吸困难。于是，整个夏天，我这个“菜园管理员”自然而然就多了一项“家庭作业”——浇水。

普通白菜一喝了水，就显得水灵灵的，格外好看。叶片舒展饱满。它不会像大白菜那般抱心结球，而是永远向着我们敞开胸怀。

待到抽薹（tái）开花的阶段，此时轻风和蜂蝶为它做媒，过不了多久，普通白菜便结荚生籽。一旦结了籽，普通白菜的整株茎就空了心。它将心血都给了花朵，给了种子。

有时候，我们会将菜籽采集下来，在院子里铺开晾晒，来年再种；有时候，采集不过来，菜籽就一直留在株茎上。野鸟纷纷落在菜园子里啄呀啄，顺便帮普通白菜到处传播种子。

普通白菜的味道清甜，怎么做都好吃。灵界村的人忙于生计，没多少时间花在厨房里。于是，他们将普通白菜采摘回家，清洗干净，扔

进锅里一煮，便是靓汤。就连苏东坡在黄州煮鱼时，也将普通白菜一同下锅：“以鲜鲫鱼或鲤治斫（zhuó），冷水下，入盐如常法，以菘（sōng）菜心芼（mào）之……”

“菘菜”即为普通白菜。

普通白菜自始至终都蕴含着水灵灵的气质和无穷尽的气韵，翠绿里有洁白，又亲切，又高尚。要是与肉同煮，清爽的菜味中和了肉汤的浓腻，使一锅肉也好，一碗汤也好，都呈现出或嫩、或柔、或脆、或清、或甘的味道和口感。正如宋代范成大在《春日田园杂兴》（节选）中所写——

桑下春蔬绿满畦，菘心青嫩芥薹肥。
溪头洗择店头卖，日暮裹盐沽酒归。

真正的白菜家族，其实是由大白菜和小白菜等许多品种组成。它们都是十字花科的芸薹经过上千年培育演化而出的蔬菜品种。

我更愿意将普通白菜叫成小白菜，那是多么的亲切，又多么的接地气。而且，无论是大白菜，还是小白菜，它们都是至亲的“兄弟”。

有意思的是，大白菜不“大”，小白菜不“小”。它们出现的时间有先有后，小白菜家族更早一些，更原始一些，大白菜家族则相对晚了点。

小白菜是“兄”，大白菜是“弟”，白菜家族生生不息，成了中国蔬菜史上的“百菜之王”。

植物朋友圈

普通白菜（上海青）

前段时间为时尚杂志*Vegetable*（《蔬菜》）拍了一组照片，这个月的杂志上市啦！我很喜欢那一篇描述我的文案：上海青天生头大腰细，仿若花瓶。每一片叶子都碧绿舒展，长得“敞亮”。叶柄饱满，基部向上勾起，像汤匙。她，身影几乎见于家家户户，于平常中谱写传奇。

7分钟前

❤ 水芹，椰子树，藕，萝卜，西红柿

藕：美美哒。我们“水八仙”去年集体上了一个封面，还是你厉害，可以上单人封。

上海青回复藕：谢谢藕姐！你们那期我很喜欢，“水八仙”名不虚传。

椰子树：你是出生并生活在上海吗？

上海青回复椰子树：呃，这个说来话长，简单来说，我们确实是由上海农科院的专家们培育出来的，因此算是出生在上海，但其实现在我们的足迹已经遍布全国甚至走向世界了。

萝卜：我在上海那边听人叫你“矮脚青”或“矮脚菜”。

上海青回复萝卜：对，那是老家人对我的昵称，专家们叫我“矮抗青”。我还是个宝宝的时候，叫“鸡毛菜”。国外还有人叫我“Shanghai Baby（上海宝宝）”。

萝卜回复上海青：你们经常开花吗？

______：______________________

______：______________________

依水而长的蒲桃有“水性”

到了夏天，灵界村山坡上的果子就熟了，山稔（rěn）、山竹、枇杷、蒲桃……孩子们吃惯了咸鱼，也吃惯了甘蔗，味蕾感受的要么是咸，要么是甜，口味重得很。在这些果子中，蒲桃果肉少，且淡而无味，孩子们自然提不起兴趣。

蒲桃是桃金娘科植物，跟山稔同科。山稔味甜，数量又多，满山遍野都是。一场急遽（jù）的夏雨一过，山坡上全是摘山稔的孩子。山坡上的蒲桃树并不多，东一棵，西一棵。蒲桃果实小，似莲雾，也似枇杷，挂在枝头，许是少有人摘食，常常成了野鸟的口粮。

在灵界村，少有人种植蒲桃，偶尔见到一两棵，也多是野生的，或许那是野鸟帮忙传播的种子长成的。几棵长在池塘边的蒲桃，由于水肥足，都有十来米高。

蒲桃是一种常绿乔木，主干短，且分枝多，整个树冠呈圆锥形，树皮多呈褐色且光滑。革质的叶片对生，多为披针形，或长椭圆形，叶顶端渐尖，叶基呈阔楔形，叶背侧脉明显。

依水而长的时候，蒲桃往往会斜着向水面伸出一截粗壮的横枝。到了3月，蒲桃的枝条垂悬于水面，新长出来的叶子呈现出一片赭（zhě）红。尔后，蒲桃的花苞一个个绽放，每个开出成百的黄白花丝，像淡黄色的绒球，颇为可爱。蒲桃的花期在三至四月，花朵簇生在小枝顶端，形成聚伞花序。《泉州府志》里有对其的描述——“花白瓣小而缨长，开时见缨而不见瓣”，极为形象。

正因喜欢生长在河溪边，且极耐水湿，岭南人也喜欢称之为“水蒲桃”。与之对应的，还有“山蒲桃”。“山蒲桃”也是桃金娘科植物，在雷州半岛也可见到，它的果实更接近于球形。“水蒲桃”和“山蒲桃”算是堂兄弟吧。

长时间与水相伴，蒲桃仿佛也有了“水性”，其果实进化得很特别：果壳和果核分离开来。果实成熟了，摘了拿在手中当玩具，轻轻一摇，里面发出的声音如铃铛一样响。玩腻了，我们还会互相掷来掷去，打闹玩乐，一天的快乐时光就这样过去了……

蒲桃果实中空，少有人问津，往往熟过了头，任凭风吹雨打，落到水里，自生自灭，似乎有些悲惨。其实不然，这恰好是蒲桃的生存智慧。掉落的果实在溪水里漂呀漂，漂到更远的地方，种子到远方生长，扩大蒲桃生长的版图。

虽然少有人直接食用蒲桃果实，但蒲桃果实可加工为果酱或果酒，还可以榨汁，做成如今街边冷饮店售卖的果汁。而酿成的酒，有一个极为好听的名字：蒲桃春。

这是明末清初学者屈大均在《广东新语》里的记载——

（蒲桃）罗浮涧中多甚，猿鸟含啄之余，随流而出，山人阻水取之，动盈数斛。以酿酒曰“蒲桃春”，经岁香气不减，作膏尤美。

意思是说，罗浮山里的蒲桃果实随溪水而淌，山民捞起来酿酒，多年后香气仍然不减。也正因蒲桃果实有一种类似于玫瑰的香气，蒲桃果实还有“香果”之美誉。清代官员孙元衡更是为蒲桃作诗《香果》：

但有繁须开烂漫，曾无轻片见摧残。
海天春色谁拘管，封奏东皇蜡一丸。

蒲桃并非原产中国，而是印度至马来群岛，于12世纪引入中国，多在中国的广东、广西、福建、台湾一带栽培。在宋代，蒲桃已被当成果树种植，曾被记录为“菩提果”。

现在的蒲桃既是有经济价值的果树，也是庭院里的观赏绿植，又或者是城市行道树。只是，我更愿意于某一处偏僻的山溪边，远望苍茫山峦，近看清香蒲桃。要是能够静坐于蒲桃树下，细数一树白绿繁丝，细闻一树沁人香气，聆听山溪叮咚呢喃，就能重启少年时的美好回忆。

植物朋友圈

蒲桃

我们的祖先硬生生给我们的家族选了一条小众路线：花期到了，别的树开的花，花瓣又大又艳丽，别提多招蜂啊蝶啊甚至人类喜欢了。我们家族呢，花瓣极不明显，满眼看到的都是丝状雄蕊，花的最中央只有一根雌蕊。不过，我们花量大、香气浓郁，让蜂蝶难以割舍，哈哈。而且，谁说独特不是美呢？

2小时前

♥ 莲雾，佛手瓜，人心果树，葡萄，枇杷

莲雾：说得好，独特就是美！

蒲桃回复莲雾：哈哈，大概因为你叫“洋蒲桃”，蒲桃所见略同嘛。

佛手瓜回复蒲桃：像我和“佛手”一样？

蒲桃回复佛手瓜：不不，我和莲雾是真亲戚，都是桃金娘科蒲桃属的，不过因为莲雾出生在国外，所以也算是我的“洋亲戚”。

葡萄：你们的名字读起来和我们很像啊。

蒲桃回复葡萄：据说在古代，我这个名字曾被用作你的小名。

枇杷：为啥人类朋友叫你们叮当果？

______：______________________________

______：______________________________

野草莓点点猩红如草地精灵

在我年少时，几乎没有人在灵界村种草莓。这里所有的草莓都是野生的，混杂在草丛里，仿佛是草地的精灵，于田野里冒出头来，点点猩红，一下子就将我们的目光“捉”住了……

也有一些藏在田园的某个角落，谦卑地生长、低调地结果。野草莓茎和叶的高度几乎相等，上面布满了黄色的柔毛，小叶短柄，叶子质地较厚。叶子是朴素了点，但果实却光彩照人。它的果实基本都是尖卵形的，悬空着生长，并不与地面接触。

这些野草莓的藤叶细嫩，根须纤弱，却又异常坚强。它从何而来，似乎无人知晓，但只要有一抔土，一滴雨，一缕风，它就能落地生根，默默无闻地伸枝长叶。待到六七月，它跟山稔一样结满果，在炽烈的阳光下，点缀了雷州半岛的整个山野，为山野河溪增添了耀眼的光彩。

野草莓日夜与草相伴，始终保持着像草一样的品格，纯洁而感人。风来了，草莓招招手，目送风远去，却不忘风的叮嘱；雨来了，草莓张张嘴，喝足了雨水，却没有忘记雨的恩情。它始终知道自己的微小，却又不惧怕荒野的残酷。

夏天，灵界村的孩子们在山野里寻找山

稔果。雷州半岛遍地都是山稔，一棵又一棵，结满了果实。等山稔果吃光了，大家才想起来，还有野草莓。

野草莓更多地长在田野的边边角角上，这些地方土地贫瘠，阳光无遮无掩。野草莓东一株，西一株，并不成规模。

许是风将它们的种子吹到了这里，又或者是野鸟顺路捎过来的，但英雄不问出处，野草莓自顾自地在这一片贫瘠的红土地上萌芽、伸枝、长叶、结果，从来没有得到人们的照料。

但野草莓并不计较。它始终感恩每一只蜜蜂的造访，也珍惜每一株小草的陪伴。弱小的野草莓知道山高水远，小小的它藏着一颗宽阔的天地心。

我路过一片草地，偶然发现了一颗又一颗野草莓，远远近近，零零星星。向阳的果实红透了，但向阴的果实仍然青绿着。野草莓的边上还有着其他野草，因此即使猩红的果实已“水落石出”，要是我们稍不留心，又有可能会错过它们。就连美国作家亨利·大卫·梭罗在《野果》里也这么写道——

草莓就是这么生性谦卑，匍匐而生，犹如不起眼的地毯。

我不知道野草莓在灵界村的历史，但它在欧洲的历史可以追溯到古罗马时代。那时候，人们就已经开始采集野草莓。到了14世纪，卢浮宫就开始种植一种名叫“森林草莓”的野草莓，供贵族观赏。在1559年，英国植物学家约翰·杰拉尔德曾生动地描述了英国草莓——

草莓的叶子匍匐在地上，有匍匐枝，复叶，小叶三片，椭圆形，边缘具缺刻状锯齿，呈绿色，至顶端渐趋白色。花白色或略带红色，每花另由五片小叶组成花托。

花托中心淡黄，以后增大变为肉质。其色红，然味不同于桑葚，近似山莓，有酒香，肉质部分多汁色白，藏有小籽。草莓植株矮小，有短粗的根状茎，逐年向上分出新茎。

多么形象的描述！简直可以同样用来刻画今天的野草莓。

儿时吃的野草莓，酸酸甜甜，但个头太小，实在是不过瘾。现在吃的草莓，个头比野草莓大得多，味道又好，这都是果农和农学家们杂交培育的成果。据说，18世纪，法兰西的农民将北美的弗吉尼亚草莓和南美的智利草莓进行杂交，培育出了凤梨草莓，这种草莓个头大且味道鲜美。

凤梨草莓不仅是后来种植最普遍的草莓品种，也是最早传入我国的人工培育草莓品种。崔岱远在《果儿小典》里有一段这样的描述——

凤梨草莓是一九一五年才从俄罗斯引种到黑龙江的，紧接着又从法国传到上海和保定。还有一条路线是从朝鲜引种到烟台、威海一带……

在凤梨草莓引入我国后之后，农学家们以其为母本，培育出了红宝石、大将军、法兰地和甜宝等草莓品种。直到如今，常见的草莓品种已经有几十种了。

草莓在国外不仅是食物，还有其他意味。比如，披头士乐队在《永远的草莓地》（*Strawberry Fields Forever*）里，就演绎出永恒的乡愁——

Let me take you down

(让我带你去)

Cause I'm going to Strawberry Fields

（因为我正要前往草莓地)

Nothing is real

（没什么是真实的）

And nothing to get hung about

（也没什么值得牵挂）

Strawberry Fields forever

（永远的草莓地）

灵界村的野草莓没被赋予那么多的艺术象征意义，似乎只是一颗浆果，吃了就吃了，又酸又甜，也没有给人余韵悠长的感觉。野草莓之于我，或许没有那么浓重的乡愁，终究不过是满足了一个少年的味蕾罢了。

植物朋友圈

野草莓组合

大家好，我们是野草莓组合。

我们的成员包括蓬蘽（lěi）、覆盆子、蛇莓、山莓、茅莓、寒莓等，因为这些成员都被人类朋友称为“野草莓”，所以我们用野草莓作为我们组合的名字。我们的成员之间也是亲戚，都属于蔷薇科，除了蛇莓小妹妹来自蛇莓属家族，其他都来自悬钩子属家族。愿我们一起沐浴大自然的阳光与雨露，共享美好时光。

32分钟前

♥ 菠萝，芋头，佛手瓜，鲁迅

芋头：你们组合的成员长得太像了，我每次都会弄错。

野草莓组合回复芋头：哈哈，其实我们不同成员长大的月份有点不一样，你下次注意看看。

鲁迅：我记得你们像小珊瑚珠攒成的小球，又酸又甜。

野草莓组合回复鲁迅：您在《从百草园到三味书屋》中就是这样描述覆盆子的，谢谢鲁迅先生！

佛手瓜：我听人类朋友说蛇莓有毒，这是真的吗？

______：______________________________

______：______________________________

莲雾有铃铛般的果实

灵界村种植莲雾是后来的事了……

少年时，我听说过莲雾，但并没有见过莲雾，自然也没有吃过莲雾。直到有一天，在灵界村的果园里遇见了，我不禁惊呼道："啊，原来这就是莲雾！"

莲雾是热带水果。莲雾树的树冠圆头形，植株足足有十来米高。叶片深绿色，对生，多是长椭圆形。远远望过去，枝繁叶茂遮天蔽日。

5—7月的时候，莲雾结满了果实。用竹竿捅落两颗下来，就着旁边的溪水里一洗，咬一口，发

现里面有着褐黑色的种子。刚开始吃的时候，怎么嚼都嚼不出味道来——不甜、不酸、不太脆、不太糯，像嚼棉花一样，实在让人想不明白：“难道，这也叫水果？”

“还贵得很，贵得很！”同伴在一旁嬉笑着，让我一时竟有点无言以对。

确实无味，或者说是味道清淡，难怪岭南人将莲雾叫作“棉花果”。

眼前的莲雾果粒小，果色又淡，还稍带涩味。纵然结出了累累硕果，却无人采摘，树下落满了果实。倒是有几只红耳鹎（bēi）、白头鹎不时穿梭在枝叶间，偶尔啄几口，仿佛也是一脸的嫌弃。

与莲雾的相遇，或多或少有点尴尬。初来乍到，莲雾恐怕也不知道，灵界村有这么多“不识货”的人。

其实，这样的尴尬，莲雾并非第一次遇见。早在17世纪，荷兰人将原产于马来半岛及安达曼群岛的莲雾引进到中国台湾的时候，也仅仅是因为它的

花好看，果实也好看。开花的时候，整个花簇白里透绿，撑开来，就像一个又一个茸毛球；结果时，果实白里带着一点点的粉色，像一个又一个打了蜡的铃铛，挂在枝头。微风一过，莲雾摇摆，耳际仿佛响起一阵又一阵的声响，让人恍惚觉得，那就是丁零零的铃铛声……

纵然有这般风情，奈何与其他热带水果比起来，莲雾仍然排不上号。好在莲雾在台湾地区也随遇而安，该长叶就长叶，该伸枝就伸枝，倒也长出了模样。

到了20世纪初，莲雾传到了雷州半岛。这里的气候跟台湾地区并无太大区别，于是莲雾落地生根了。

起初，莲雾并没有直接进入果园，顶多是种在土路边，又或者是庭院里，开着白里透绿的花，倒也不难看，就权且当是供观赏的植物吧。

同样，莲雾到了与雷州半岛隔着一个琼州海峡的海南岛时，待遇也没好到哪里去。果实熟透了，一样无人采摘，风一吹，铃铛般的果实就扑通扑通往地上掉，不明就里的海南人干脆形象地称之为“扑通”。

好在莲雾经世人精心栽培，仅在台湾地区就培育出很多品种，既有香水莲雾，又有斗笠莲雾，更有黑钻石莲雾等大果型莲雾品种，变成了粉里透红（或深红色）、油光锃（zèng）亮的莲雾，不但味道甜了，口感也脆了，就连著名诗人余光中也忍不住赋诗赞美——

满园甜津津的负荷

把不胜的枝柯压得弯弯

仙人的野餐探手可撷

不用杯盘也不用烟火
春分才过了呢，怎么
悬挂的口福已累累成串？

辗转多地的莲雾再怎么改良，终究不改它的“淡味”——淡淡的甜，淡淡的脆，淡淡的酸。我们的生活大多数时候就如这莲雾，淡淡的，这滋味的珍贵，恐怕也只有那些经历过生活漂泊、见识过人生百态的人，才能真正体会与懂得。

不是吗？

植物朋友圈

莲雾

看了人心果树的朋友圈，我觉得我们还挺适合那些追求健康饮食的人类朋友的，因为我们糖分不高，人类朋友说我们清甜，但不是很甜。我们水分足，甚至被称为“长在树上的矿泉水”。就是不知道为什么，不少人类朋友似乎不大能接受我们呢。

35分钟前

♥ 人心果树，番石榴，菠萝，牛油果，鸡蛋果

人心果树：那其实有没有可能，说你们是矿泉水是因为你们的味道太寡淡了呢?

莲雾回复人心果树：朋友，扎心了哈。那你甜，为啥人类也不怎么认识你呢?

番石榴：你俩就别互相伤害了。有些人类朋友还说我是难以理解的水果呢。

牛油果：啊，别提了，有些人类朋友说吃我像在吞肥皂。

莲雾：看来大家都有不同的困扰呀。其他朋友也来说说呀。

______：____

______：____

桑葚如串串黑珍珠挂枝头

夏至前后的灵界村，一棵又一棵桑树仿佛有了生气，扬眉吐气了，往日沉寂的桑树林一下子就热闹了起来。

桑葚熟了，我们的笑声在林间荡漾起来了。

灵界村刚出现桑树的时候，我们并不认识它，指着地里的树苗，不停地问大人：“为什么不种甘蔗，种这东西，顶什么用？”

甘蔗是灵界村的主要农作物，花生也是，水稻也是，后来来了“这东西”，我们不免疑惑。

“等它们长出来，你就知道了！”大人有时候也会吊人胃口，让人难受。

不管了，让它们长着吧。

“这东西”很快就传遍了村子。到了第二天，所有的孩子都知道了“这东西”的名字叫桑树。

于是，三天两头，我们便赤着脚往地里跑，瞧一瞧，摸一摸。桑树似乎也知晓了我们的小心思，长呀长，很快就长大了。

桑树是桑科植物，或为落叶乔木，或为灌木。

那为落叶乔木的桑树，目测足足有两层楼那么高。我们三下两下爬上去，好在桑树的枝条足够柔韧，不会像苦楝树的枝条那般一折就断。正因为有了这样的柔韧度，小孩子还会将它的枝条折弯，变成弓，当玩具。大人则更喜欢拿它的枝条当篮子的篮把，或者选粗一点的做扁担。

那为灌木的桑树，我们伸手抚摸它灰色的树皮，发现上面有着浅浅的、不规则的纵向裂痕。摘一片卵形的叶片下来仔细观察，叶片的边缘还有锯齿，深裂成不规则状，正面是鲜绿色，背面则有稀疏的茸毛。

让人纳闷的是，桑树的花一无漂亮的外形，二无馨香的气味，于昆虫而言，是没有什么吸引力的。雄花与雌花的传粉，似乎成了难题。

显然，这种担心是多余的。植物的智慧超乎想象。桑树雄花的花粉细小，轻风一吹，花粉随即

起飞。雌花柱头上的茸毛突起，方便接受花粉。于是，雌花受精后，便发育成果实。

雌花花序上的果实密集成一个又一个椭圆形、表面不平滑的聚合果。这些果实未成熟时呈绿色，随着生长时间的推移，渐渐变成白色、红色，直至成熟后，变成了紫红色或紫黑色，簇拥在枝头，如串串黑珍珠。这就是我们吃到的甜中带酸的桑葚。

结了果的桑树一下子成为我们的目标。

桑树林里，时常有我们穿梭的身影。那些又紫又黑的果实，又大又甜，摘一颗，吃一颗。很快，我们的整个舌头都变黑了。偶尔，我们还会吐出黑乎乎的舌头扮鬼脸，惹得大家哈哈大笑，笑声回荡在桑树林上空，成了年少的回忆。

这样的场景，与明代诗人王世贞在《摘桑葚作供二绝》（其一）里写的如出一辙——

蔫红黝紫簇成堆，但摘儿童莫更猜。
说与故园风物好，玉盘冰醴浸杨梅。

桑树是中国原产的古老树种，仿佛是从《诗经》里茁壮生长起来的。《诗经》现存305首诗歌，其中20多首写到了桑树。印象最深的，还是“维桑与梓，必恭敬止”。这一句的意思是说，人们要对家乡的桑树和梓树恭敬以待。

在中国，如果要找一棵与中华文明渊源至深的树，桑树是必选项。桑叶能喂蚕，桑果饱口舌，桑木做农具，桑树简直就是一棵宝树。

诸葛亮曾在《临终遗表》里写道：“臣家成都有桑八百株，薄田十五顷，子弟衣食，自有余饶。”意思是说，子孙后代守着桑树和薄田，可过清廉但衣食无忧的生活。这样的场景，其实孟子早就记录过：“五亩之宅，树之以桑，五十者可以衣帛矣。”

回想起灵界村的那一片桑树林，我的脑海里时常浮现出宋代诗人翁卷的《乡村四月》——

绿遍山原白满川，子规声里雨如烟。

乡村四月闲人少，才了蚕桑又插田。

“才了蚕桑又插田”的乡村生活图景，也是中华文明的缩影。因为，桑树已然经由丝绸之路走向世界，成为分布全球多地的树种，就连古罗马的博物学者普林尼也写到了桑树——

若论花期，桑树最迟；论果熟，桑树又为先。因桑葚果汁易着色，成熟的桑葚会染红手指。不染色者，则味酸。这种树已被人用多种方法嫁接改良，花样繁多，树名也因此有了多个，但无论怎样，到头来结出的桑葚大小不变。

一棵桑树，一边连着中华，一边连着世界。桑树养育了蚕，从而有了丝绸。它们铺就了一条又一条丝路，伴随着中华文明走向世界，从古代走到现在，走向未来。

植物朋友圈

桑葚

有个水果界的朋友刚问我，明明大家一起开花，为啥直到他长大，旁边的桑树还是啥果都没结。哈哈哈，那是因为我们家族有雌雄异株现象，站在他旁边只开花不结果的是雄性桑树，而他能见到的我是由雌性桑树的花序发育而来的。

21分钟前

♥ 蓝莓，猕猴桃，蜜蜂，油桃

蓝莓：我很好奇，这个季节你遇见的水果界的朋友是谁呀？

桑葚回复蓝莓：嘿嘿，今天我在街头遇到油桃了。

猕猴桃：朋友，来，握个爪，我觉得你能懂我。

桑葚回复猕猴桃：哈哈哈，我记得你们家族也是雌雄异株。

油桃回复猕猴桃：那你们怎么授粉呢？

猕猴桃回复油桃：风可以帮助我们家族授粉，但成功率比较低。我们的花没有蜜腺，出蜜少，对蜜蜂的吸引力不大，而人类朋友又希望我们多一些兄弟姐妹，所以只能他们自己上阵了。

蓝莓：还有哪些家族是雌雄异株的？

______：______________________________

______：______________________________

柠檬的黄是纯粹的金黄

雷州半岛三面环海，潮起潮落，鱼来鱼往，我们一日三餐必有鱼；灵界村又有一望无垠的甘蔗林，那是雷州半岛最重要的农作物之一，我们时不时举着一根甘蔗啃呀啃……

因为咸鱼和甘蔗，我们喜欢吃咸的或者甜的，少有人愿意吃酸的。

偏偏有柠檬长在果园里，果实金黄金黄的，黄得让人口水直流。灵界村的孩子判断水果成熟与否，“黄”是一个重要的标准，“金黄”意味着熟得恰到好处。

可是，柠檬果的金黄是陷阱，仿佛就是柠檬要跟我们开个玩笑，又或者是存心捉弄我们呢。我们见到野果，随手就摘，随口就吃，不明就里，结果酸得满地找牙，酸得灵魂出窍。

这黄，是明艳的鲜黄，是纯粹的金黄，是独具一格的酸黄，是卓尔不群的柠檬黄。

灵界村里，柠檬这棵小乔木最初生长在果园的角落里，谁也没留意。那些青绿色的卵形叶片，跟大多数的果树叶片，似乎并无区别。倒是枝条上的小刺，提醒我们，芸香科的植物，像柚子树，像佛手柑，像橘树，多是有刺的，别轻易爬上去，否则手脚都可能会被扎……

待到三月，柠檬开出的小花蕾，不是一朵两朵，而是一大簇一大簇的，像村子里听到喇叭响而一窝蜂涌出来的孩子般争先恐后的，齐刷刷全开了，挤挤挨挨的。

因为阳光充沛，柠檬的花开得热烈，裂开来，一数，花瓣四片五片的，微微向下弯着。走近了一瞧，那些花柱壮实，花蕊繁多，柱头上似乎托着一顶淡绿色的帽子。

柠檬的花期并不长，单花一周左右便谢了，花蒂处会长出一个青绿色的小圆疙瘩，那便是酸得掉牙的柠檬果。那些椭圆形的柠檬果，两端尖狭。小的，顶多如鸡蛋般大小；大的，也不过如5岁孩子的拳头般大小。

有意思的是，柠檬果也许本该是属于精致的城市生活的。柠檬果长得不长不短，有人为它量过尺寸，说果实的横切面直径六厘米左右，相当于一般茶杯的直径；它鲜艳闪亮，颜色一直是明媚的柠檬黄；它去腥提鲜，味道一直是自然而清新的酸。

小时候，在土里土气的灵界村，乡亲的日子过得紧巴巴的，谁都没有闲情逸趣烤鱼，然后又装模作样地淋几滴柠檬汁……那是从来没有的事。大家粗枝大叶惯了，生活也过得如囫囵吞枣一般，哪里会这么精致地过日子呢？

但也许，赋予柠檬果精致生活象征意义的只是人类，柠檬果一直是那小小的黄色的果实。

在大航海时代，海员长时间在海上漂泊，被一种如瘟神般的坏血病侵袭。18世纪中叶，英国医生詹姆士·林德发现柠檬可治坏血病。后来，远航英国的海员每天饮用定量的柠檬水，从而让坏血病在航行中绝迹。也正因此，英国海员有一个雅号——柠檬人。

柠檬到底是原产东南亚和印度，还是中国，又或者是地中海沿岸地区，各有说法。尚且不去纠结还未有定论的事情，但是，英国人以柠檬作药而著名，法国人又食用柠檬最多，日本人喜欢在寿司上滴几滴柠檬汁……柠檬广受欢迎是不争的事实。

岭南的土壤和气候是极为适合种植柠檬的。早在北宋时期，岭南已种植黎朦，那是柠檬的一种。宋代地理学家周去非在《岭外代答·花木门·百子》里记载道——

黎朦子，如大梅，复似小橘，味极酸。或云自南蕃来，番禺人多不用醯（xī），专以此物调羹，其酸可知。又以蜜煎盐渍，暴干收食之。

柠檬在岭南还有一个别称：益母果。屈大均在《广东新语》里便有记载——

宜子母，似橙而小，二三月熟，黄色，味极酸，孕妇肝虚嗜之，故曰宜母。

此言不虚。

读懂柠檬之后，我发现它还

是一棵“文艺之树”，诗歌里有之，音乐里亦有之。德国愚人花园乐队的一曲《柠檬树》（*Lemon Tree*），唱出了青葱岁月的甜蜜与淡淡的忧伤——

Yesterday you told me about the blue，blue sky.

（昨天你还与我谈论那蓝蓝的天空多么美丽，生活多么美好。）

And all that I can see is just a yellow lemon tree.

（但如今在我眼前的只有一株金黄的柠檬树。）

谁会否认柠檬树的文艺呢?

植物朋友圈

黄柠檬

朋友们，不要一看见青色的柠檬，就指着说我年轻的时候长这样。要仔细看清楚哈！那有可能是青柠檬，虽然我们属于同一个家族，但他们从小到大穿的就是绿色的衣服，而我们小时候穿绿色的衣服，而且衣服上镶有细致的纹理，长大后我们就换成金黄色的衣服了。

3小时前

♥ 青柠檬，草莓，葡萄，莲雾

青柠檬：还有，虽然人类说我们都酸，但我酸得比较尖锐、清爽；黄柠檬姐姐则比较柔和、香甜。

黄柠檬回复青柠檬：青柠檬妹妹，虽然我们酸的风格不一样，但还是你们酸得更强烈一点，毕竟你们体内的柠檬酸和维生素C含量高一点。

葡萄：那你们就是人类所说的酸性食物？

黄柠檬回复葡萄：那还真不是呢，不要被我们的酸迷惑呀。

葡萄回复黄柠檬：为什么呀？

______：______________________________

______：______________________________

后记

毫无疑问，是蟑螂老师带我走上了更加细致、更加专业的湿地观察之路。

那一年，我开设了“自然一点”工作室。蟑螂老师是我的学术顾问，也是工作伙伴。

因为工作室有任务，蟑螂老师外出拍摄自然节目时便会捎上我，带着我跑了一处又一处湿地。也正因此，我才正儿八经地开始观察湿地生态，然后开始写一写湿地自然日记，拍一拍工作室节目，最后勉勉强强完成基本任务。

风里来，雨里去。似乎没有什么能够阻挡蟑螂老师追寻湿地的热情，想出发就出发。于是，我也屁颠屁颠地跟着跑。

站在蟑螂老师的身边，我们一起观察湿地。渐渐地，我找到了感觉，好像也找到了书写湿地故事的入口。

这个入口，就是我少年时在灵界村的生活经历。

位于祖国大陆南端的灵界村是我的故乡，是我对湿地观察萌生兴趣的开端，也是我写作自然文学的始发地。

在灵界村，推门而出，不远处就有浅浅的池塘，雨季蓄满水，旱季又干涸，但始终孕育着丰富的湿地物种；往田野里走，那里又有一座水库，常年有水，既灌溉下游的稻田，也蕴藏着各式各样的淡水鱼；再往远一点的地方走，便到了隔壁小镇，可以看见大海。那是一座港口，海浪翻滚，海鸟翻飞，船来船往，鱼跃人欢，好一幅如诗如画的海港风景图。

可以肯定地说，这一片红土地处处可见湿地生态，时时发生湿地故事，像一座宝藏，挖不完，写不尽……

此时此刻，我的脚下正是珠三角的湿地。这是我的第二故乡。这里同样有大海，同样有滩涂，同样有红树林。无论是雷州半岛的湿地，还是珠三角的湿地，它们都是中国湿地的重要组成部分。

于是，我将两个故乡的湿地生态融合起来，寻找到一个共同的写作窗口，写成了这套“湿地中国·自然博物”系列图书，正式交由广州出版社出版发行。

这一次，我依旧选择了湿地野鸟、湿地昆虫以及湿地植物这三大物种进行观察。在湿地生态系统中，这三者构成了紧密相连、相互影响的生物链。无论是翱翔天际的野鸟，还是忙碌于植被间的昆虫，抑或是扎根土壤的植物，它们不仅在生态系统中扮演着重要的角色，更共同维系着湿地的生物多样性。

与此同时，我们正生活在湿地生境里，与野鸟，与昆虫，与植物，每时每刻都发生着许许多多的故事。这些故事，或许您没有感受到，但它已然发生了，又或者正在发生……这就是自然文学无穷的魔力。

正是自然文学所散发的那股独特魔力，深深地将我迷住了。于是，我不知疲倦地奔赴在创作自然文学的征途中。在完成“湿地中国·自然博物”一

套三册小书后，我又要重新上路了。

下一个自然主题，会是什么呢？

我跟您一样期待，期待蟑螂老师带领我开辟新的观察路线。我会继续努力，争取给您一个惊喜，好吗？

感谢自然，感谢读者，感谢自己！

何腾江

2024年1月31日于孙中山故乡

参考书目

[1]王辰. 野草离离：角落中的绿色诗篇[M]. 北京：商务印书馆，2015.

[2]潘小娴，朱苏权. 云山花事经眼录·春色[M]. 广州：广东人民出版社，2018.

[3]韩育生. 西北草木记[M]. 南京：江苏凤凰文艺出版社，2017.

[4]祁云枝. 草木祁谈：科学家给孩子的植物手记[M]. 北京：世界图书出版公司，2022.

[5]徐红燕. 花开不记年[M]. 上海：上海科技教育出版社，2021.

[6]晓蓓. 远方的茉莉花　中国的外来植物·花卉[M]. 上海：上海文化出版社，2017.

[7]周文翰. 花与树的人文之旅[M]. 北京：商务印书馆，2016.

[8]莫训强. 南开花事[M]. 北京：商务印书馆，2015.

[9]刘琼. 花间词外[M]. 北京：北京十月文艺出版社，2021.

[10]许晖. 植物在丝绸的路上穿行[M]. 桂林：广西师范大学出版社，2023.

[11]刘学刚. 花都开好了[M]. 沈阳：沈阳出版社，2021.

[12]刘创. 草木生[M]. 沈阳：沈阳出版社，2018.

[13]王寒. 江南草木记[M]. 杭州：浙江工商大学出版社，2018.

[14]中山市自然保护地管护中心. 香山草木：中山市常见观果植物识别手册[M]. 广州：广东人民出版社，2019.

[15]于雅婷. 常见水果图鉴[M]. 南京：江苏凤凰科学技术出版社，2017.

[16]胡慧建，何清，马海宾，等. 岭南动物植物[M]. 广州：广东科技出版社，2023.

[17]李小川，林寿明，郭盛才，等. 岭南古树

名木[M]. 广州：广东科技出版社，2023.

[18]张平真. 中国的蔬菜:名称考释与文化百科[M]. 北京：北京联合出版公司，2022.

[19]杨恩庶，张德纯. 蔬之物语[M]. 北京：电子工业出版社，2015.

[20]陆生作. 蔬菜有故事[M]. 北京：化学工业出版社，2019.

[21]徐斌. 蔬菜月令：我的耕读笔记[M]. 桂林：广西师范大学出版社，2019.

[22]史军. 中国食物：蔬菜史话[M]. 北京：中信出版社，2022.

[23]徐红燕. 蔬畦经雨绿[M]. 上海：上海科技教育出版社，2022.

[24]胡弦. 蔬菜江湖[M]. 南京：江苏凤凰文艺出版社，2020.

[25]李汉荣. 植物记[M]. 天津：百花文艺出版社，2019.

[26]崔岱远. 果儿小典[M]. 北京：商务印书

馆，2019.

[27]蓝紫青灰. 蔬食者[M]. 济南：山东文艺出版社，2018.

[28]阿蒙. 时蔬小话[M]. 北京：商务印书馆，2014.

[29]徐斌. 蔬菜物语[M]. 南京：江苏凤凰文艺出版社，2018.

[30]焦桐. 蔬果岁时记[M]. 北京：生活·读书·新知三联书店，2021.

[31]叶子. 原来乔木这么美[M]. 北京：东方出版社，2018.

[32]廖浩斌. 自然课堂：岭南城市观树笔记[M]. 广州：广东人民出版社，2019.

[33]桥东里. 花花果果枝枝蔓蔓：南方草木志[M]. 北京：新星出版社，2014.

[34]刘克襄. 男人的菜市场[M]. 上海：上海人民出版社，2014.

[35]韩开春. 少年与自然　野果记[M]. 南昌：

二十一世纪出版社，2019.

[36]孙海，肖月娥. 写给孩子的古典文学植物图鉴·诗经篇[M]. 郑州：海燕出版社，2020.

[37]梁基永. 岭南草木状[M]. 广州：花城出版社，2018.

[38]蓝紫青灰. 食其果[M]. 济南：山东文艺出版社，2017.

[39]陈妙芬. 自然课堂：南方民间草木笔记[M]. 广州：广东人民出版社，2019.

[40]子梵梅. 草木有情且美·一个人的草本诗经[M]. 海口：南海出版公司，2018.

[41]南妍汀. 我家门外的自然课：庭院里的花[M]. 王伟锋，译. 北京：中信出版社，2016.

[42]梅比. 杂草的故事[M]. 陈曦，译. 南京：译林出版社，2015.

[43]康拉德. 花园的秘密[M]. 陈伟功，译. 北京：中国青年出版社，2015.

[44]李永得. 我家门外的自然课：路边的野花

[M]. 王伟锋，译. 北京：中信出版社，2016.

[45]德罗里. 环游世界80种树[M]. 柳晓萍，译. 武汉：华中科技大学出版社，2019.

[46]梭罗. 野果[M]. 石定乐，译. 北京：新星出版社，2017.